BRANDTELLING

ÜBER DEN AUTOR

Matthias M. Mattenberger führt als Unternehmensberater und Markenstratege kleine und große Unternehmen zu differenzierenden und überzeugenden Geschichten am Markt. Neben seiner Beratertätigkeit ist er Dozent für Storytelling. Er leitete eine Video-Content-Marketing-Agentur, produzierte über zehn Jahre beim Schweizer Fernsehen SRF, schrieb ein weltweit ausgezeichnetes Buch und für Preise nominierte Radio-Hörspiele. Der Schweizer hält einen Executive MBA in Marketing.

mattenberger.com

BRANDTELLING

Storytelling, das Marken und Menschen verbindet

Matthias M. Mattenberger

Campus Verlag Frankfurt / New York

MIX
Papier aus verantwortungsvollen Quellen
FSC® C089473

ISBN 978-3-593-51379-9 Print
ISBN 978-3-593-44747-6 E-Book (PDF)

Trotz sorgfältiger inhaltlicher Kontrolle übernehmen wir keine Haftung für die Inhalte externer Links. Für den Inhalt der verlinkten Seiten sind ausschließlich deren Betreiber verantwortlich.

Umschlaggestaltung und Illustration: Jennifer Meyer, Hannover
Satz: Jennifer Meyer, Hannover
Gesetzt aus: Overpass, Aller Display, Shadows Into Light und Reenie Beanie
Druck und Bindung: Beltz Grafische Betriebe GmbH, Bad Langensalza

Printed in Germany

www.campus.de

100%
SUCCESS
JOURNEY
BRAND
LOVE

INHALT

STORYTELLING 48

TOOLBOX 82

ANWENDUNG 110

BEISPIELE 134

PRAXIS 172

ANHANG 172

STIMMEN ZUM BUCH

»In der Vermarktung von Unternehmen und Produkten sind Geschichten ein wirksames Werkzeug. Storytelling ist die moderne Form von Marken-Management und die Visitenkarte einer Unternehmung. Das Buch Brandtelling gibt mit seinen Modellen einen sofort verständlichen Einblick in diese Thematik und hilft auch Nicht-Marketing-Profis, die relevanten Inhalte in differenzierende Markengeschichten zu verpacken.«

Nicole Diermeier
Verwaltungsrätin Rigibahnen

»In der Finanzbranche fehlt es bisher weitgehend an starkem Storytelling. Brandtelling liefert einfache Werkzeuge, um auch komplexere Produkte oder Dienstleistungen differenzierend und verständlich zu positionieren.«

Sandro Schönenberger
Partner, Deloitte AG

»Geschichten, die funktionieren, erzeugen Emotionen und Emotionen sind das Bindeglied, welches Erinnerungen nachhaltig in unseren Köpfen verankert. Brandtelling beinhaltet die komplette Toolbox, um eine emotional funktionierende Geschichte zu entwickeln.«

Nicola Martucci
Brand Manager Vaccines, Pfizer Schweiz

»Storytelling ist die Kunst, Sachverhalte in eine Geschichte zu verpacken, damit sie Kunden berühren und die Kernkompetenzen eines Unternehmens kommunizieren. Eine Aufgabe, die nicht immer einfach ist, gerade im Dienstleistungsbereich. Das Buch Brandtelling unterstützt dank einfach verständlicher und in Workshops sofort anwendbarer Werkzeuge sowie vielen Praxisbeispielen dabei, zielführende Geschichten zu entwickeln, und sollte daher nicht nur in der Marketing- und Kommunikationsabteilung auf den Arbeitstischen liegen.«

Manuela Staub
Kommunikationschefin, Flughafen Zürich AG

»Geschichten verbinden Menschen und schaffen Vertrauen. Damit legen sie die Grundlage für die interne und externe Unternehmens- und Markenkommunikation. Brandtelling befähigt mit seinen praktischen und visuell verständlich aufbereiteten Modellen, nachhaltiges Storytelling umzusetzen. Eine Kompetenz, die Unternehmen weiterbringt und in der gemeinsamen Ausarbeitung Teams eint.«

Tibor Csébits
Business Excellence Leader, Roche

»Da sich Produkte und Dienstleistungen immer ähnlicher werden, ist es künftig noch entscheidender, Menschen und Marken miteinander zu verbinden. Mit glaubhaften und relevanten Storys. Dieses Buch liefert eine nachvollziehbare Anleitung, um begeisternde und differenzierende Geschichten für ein nachhaltiges Markenerlebnis zu schaffen.«

Christoph Brechtbühl
Head of Events & Sponsoring Mercedes-Benz Cars, Mercedes-Benz Schweiz AG

»Eine wirkungsvolle Unternehmensgeschichte ist kein Zufall, sondern Handwerk. Mit der Storywurzel aus dem Buch Brandtelling schenkt uns Matthias Mattenberger das Werkzeug und einen einfachen Bauplan dazu.«

Florian Maag
Head of Communications Digital Business, Swisscom

»Storytelling ist für die erfolgreiche Unternehmensführung nicht mehr wegzudenken. Die einfach verständlichen Brandtelling-Modelle helfen ambitionierten Managern beim Aufbau einer differenzierenden Markengeschichte. Das Buch sollte daher nicht nur an Hochschulen, sondern auch in Unternehmen nicht fehlen.«

Prof. Michael Grund
Leiter Departement für Marketing & Business Communications, Hochschule für Wirtschaft Zürich

VORWORT

VON TRANSFORMATIONSCOACH DIETER SCHMID

Brandtelling – Storytelling der nächsten Stufe.

Die Marke ist der Kern und die Essenz einer Organisation. Deshalb bildet für mich als Organisationsentwickler bei der Transformation einer Organisation die Marke den Ausgangspunkt der angestrebten Entwicklung.

Wofür steht die Marke, was ist die Daseinsberechtigung der Marke? Das »Why?« der Marke ist auch das »Why?« der Organisation. Erst wenn wir die Marke richtig verstehen und mit allen Sinnen spüren, können wir auch die Organisation, welche diese Marke verkörpert, entsprechend entwickeln.

Das Herz einer Marke wiederum ist seine Markengeschichte. Das vorliegende Buch »Brandtelling« von Matthias M. Mattenberger ist eine hervorragende Anleitung, wie die Geschichten von Marken entwickelt und erzählt werden können. Die vorgestellten Tools Markenbaum, Storytrichter, Storywurzel und die Storytelling Canvas sind sehr eingängige und einfach zu benützende Instrumente, um »gute« Geschichten zu erzählen.

Sie sind eine geniale Verdichtung von unzähligen bestehenden Brandingtools und von den jahrelangen Erfahrungen des Autors als Brandconsultant und Markenstratege. Sie sind durch die starke Visualisierung auch optimal geeignet für die gemeinsame Markenentwicklung im Team.

Wer seine Unternehmung oder Organisation weiterbringen will, muss zuerst seine Marke auf eine höhere Stufe entwickeln. Das Buch »Brandtelling« von Matthias M. Mattenberger erklärt, wie das geht. Das Buch selbst ist Storytelling auf höchstem Niveau. Es stellt die überaus komplexen Zusammenhänge und Abhängigkeiten von Markengestaltung und Markenwirkung für die Leserinnen und Leser einfach verständlich und durch die sehr ansprechende Visualisierung auch äußerst lustvoll dar. Genau so, wie die eigene Marke dem Zielpublikum präsentiert werden soll.

Lassen Sie sich inspirieren von »Brandtelling« und machen Sie aus Ihrer Marke eine Erfolgsgeschichte, indem Sie Ihre Markengeschichte mit den in diesem Buch beschriebenen Prinzipien und Methoden erzählen. Seit jeher wird wertvoller Inhalt über Generationen hinweg in Form von Geschichten weitergegeben. Geschichten sprechen uns Menschen an – umso mehr, wenn sie gut erzählt werden.

Die Heldengeschichte Ihrer Marke startet jetzt, mit dem Lesen dieses Buches. Sie können darauf gespannt sein, wie sich die ganze Geschichte entwickeln wird.

Dr. Dieter Schmid
Transformationscoach und Dozent für Leadership

ÜBER

BLICK

BIN ICH HIER RICHTIG?

Brandtelling ist nicht einfach ein weiteres Storytelling-Buch. Brandtelling ist zielführendes Storytelling für die erfolgreiche Markenführung.

LESEN SIE DIESES BUCH, WENN SIE ...

- sich selbst, Ihre Marke oder Ihr Unternehmen weiterbringen wollen,
- schnell erfolgreiche Geschichten kreieren möchten,
- Storytelling in Ihrem Unternehmen anwenden und verstehen wollen,
- zielführende Ratgeberbücher mögen.

LESEN SIE DIESES BUCH NICHT, WENN SIE ...

- Interesse an langen Abhandlungen über Dramaturgie haben,
- theoretische Formeln lieben, die sich nicht auf die Praxis übertragen lassen,
- nicht beabsichtigen, mittels Storytelling näher an Ihre Zielgruppe und Kunden zu kommen,
- keine Lust auf einfach verständliche Modelle haben.

BRANDTELLING-ESPRESSO

STORYTELLING-WISSEN IN TWITTER-LÄNGE: FÜR SCHNELLE UND NICHTLESER.

- Geschichten aktivieren mehr Hirnregionen als Fakten und kommen daher besser an.

- Marken und deren Geschichten sind heute wichtiger als je zuvor.

- Weltweit basieren funktionierende Geschichten auf denselben 12 Stationen, die ein Held durchläuft.

- Brandtelling kombiniert die Heldenreise mit den wissenschaftlichen Erkenntnissen der Kommunikationstheorie.

- Kreieren Sie eine Stammgeschichte, aus der Sie die externen und internen Geschichten kreieren. Eine gute Geschichte beinhaltet mindestens
  - einen Protagonisten,
  - der ein Dilemma hat,
  - das ihm ein Mentor löst
  - und ihn zu einem Elixier führt

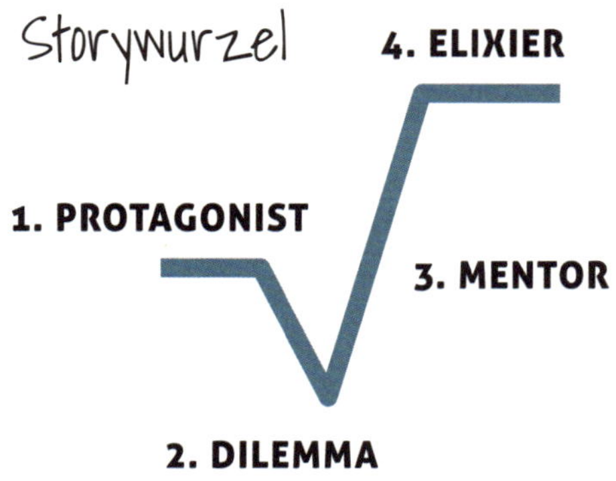

DIESE MODELLE MACHEN SIE ZUM MACGYVER DER KOMMUNIKATION

In der Toolbox dieses Buches finden Sie das Schweizer Sackmesser der Markenkommunikation. Mit folgenden scharf schneidenden Klingen schnitzen Sie nach der Lektüre jede Markengeschichte zu einem kreativen Kunstwerk.

+ Der Markenbaum zeigt Ihnen, wie sie Ihr Unternehmen oder das Auftreten Ihrer Ich AG verstehen sollten. Eine Kostprobe gefällig? Blättern Sie dazu zum Kapitel Markenbaum.

+ Der Storytrichter zeigt Ihnen auf, welche Elemente Sie vor jeder Kommunikationsmaßnahme klären müssen. Interessiert? Dann gehts im Kapitel Storytrichter weiter.

+ Die Storywurzel ist das heimliche Hauptmodell. Sie vereint die minimal nötigen Elemente einer guten Geschichte in einem Modell. Gespannt? Dann fühlen Sie der Wurzel im Kapitel Storywurzel auf den Zahn.

In der Einfachheit liegt bekanntlich die Kraft. So ist es auch in dieser Toolbox. Die Kraft bringt die Storytelling Canvas (siehe gleichnamiges Kapitel) auf den Boden. Sie ist die beschreibbare Kombination der Modelle und daher für das direkte Ausfüllen in diesem Buch oder in einer Workshopgruppe geeignet.

Legen Sie gleich los. Die folgende Seite zeigt, wie. Oder vertiefen Sie Ihr Wissen auf den folgenden rund 200 Seiten weiter.

DIE STORYTELLING-CANVAS FÜHRT SIE IN ZEHN EINFACHEN SCHRITTEN ZUM ERFOLG

ZIEL	Welches Gefühl soll die Maßnahme auslösen?
BOTSCHAFT	Die Kernbotschaft/der eine Tennisball?

PROTAGONIST	**DILEMMA**	**MENTOR**	**ELIXIER**
Wer kann die Zielgruppe vertreten? Wer/was löst Sympathie aus?	Welche Tatsache oder was steht dem Protagonisten vor dem Glück?	Wer oder was ist der Sinn- und Nutzenstifter der Geschichte?	Der Nutzen, der dem Protagonisten das Leben verbessert?

KANAL	Auf welchem Kanal ist die Zielgruppe erreichbar?
ZIELGRUPPE	Wer soll mit der Maßnahme angesprochen werden?

HOW IT WORKS

Haben Sie Eile, sind Sie Nichtleser oder besonders interessiert? Dieses Buch macht es Ihnen leicht, Ihr eigenes Tempo zu finden und zu halten.

INTERESSIERTE

lesen das Buch von A–Z durch. Es gibt Ihnen einen guten Überblick über die Herkunft und die Anwendung des Brandtelling-Systems. Inklusive einzelnen spannenden Abstechern in die Kommunikationstheorie.

EILIGE

halten sich an die Zusammenfassungen an den Enden der Kapitel. Sie geben einen Überblick über das vorhergehend Beschriebene. Wenn Sie etwas nicht verstehen oder mehr wissen wollen, blättern Sie zurück.

NICHTLESER

schauen sich die Bilder an und füllen die Canvas aus. Das gibt Ihnen zumindest einen Rahmen für funktionierende Geschichten. Zudem finden Sie weiterführende Informationen im Web, die allenfalls helfen, den Kern zu erahnen. Danke, dass Sie das Buch trotzdem gekauft haben.

SYMBOLERKLÄRUNG

THEORIE / QUELLENANGABE

ZUSAMMENFASSUNG

LINK

ST

ART

WAS SIE VON ASTRONAUTEN & ANDEREN PIONIEREN LERNEN KÖNNEN

»Wir haben uns entschlossen, zum Mond zu fliegen«, sagt John F. Kennedy am heißen Sommertag des 12. September 1962.

Das voll besetzte Stadion der Rice Universität im texanischen Houston applaudiert frenetisch. Der damals amtierende US-Präsident fährt fort: »Wir haben uns entschlossen, in diesem Jahrzehnt zum Mond zu fliegen [...], nicht weil es leicht ist, sondern weil es schwer ist, [...] weil die Herausforderung eine ist, der wir uns stellen wollen [...] und die wir zu gewinnen beabsichtigen.«

Sieben Jahre später, am 20. Juli 1969, schauen 14 % der Weltbevölkerung dem »Eagle« bei der Landung zu und hören Neil Armstrong sagen: »That's one small step for [a] man, one giant leap for mankind« (ein kleiner Schritt für den Menschen, ein riesiger Sprung für die Menschheit), als er als erster Mensch seinen Fuß auf den Erdtrabanten setzt.

Nach der Rückkehr auf die Erde werden die drei Astronauten, hinten auf einem schwarzen Chrysler sitzend, feierlich durch die Straßen New York Citys gefahren und im »Canyon of Heroes« (Schlucht der Helden) aus den Fenstern der Hochhäuser von stolzen Zuschauenden mit Papierschnipseln beworfen.

Die Vereinigten Staaten von Amerika haben es geschafft: Sie haben dem für alle Menschen jede Nacht sichtbaren Mond ihren Stempel aufgedrückt. Mit einer Geschichte, an die sich jedes Kind erinnern wird, da sie alles hat, was ein gutes Narrativ ausmacht: Sie hat Helden, ein weit entferntes, hehres Ziel und eine große Hürde, die es zu überwinden gilt.

Auch Unternehmen nutzen Geschichten, um ihre Marke zu stärken: Der US-amerikanische Sportartikel- und Outdoor-Händler REI schließt am umsatzstärksten Verkaufstag des Jahres, dem Black Friday, seine Türen und generiert damit 2,7 Milliarden Medienaufrufe in 24 Stunden. Wie? Mit einer guten Geschichte! Der CEO des Outdoor-Ausrüsters gibt seinen Mitarbeitern per offenen Brief frei, damit diese den Tag nach Thanksgiving in der Natur verbringen können. Zudem rät er den Kunden, es ihnen gleich zu tun. REI kreiert dafür den Hashtag #OptOutside (etwa: Entscheide dich für draußen).

Im ersten Jahr 2015 löst die Geschichte über 6 Milliarden Interaktionen in den Medien aus und bewegt 1,4 Millionen Menschen dazu, den Tag der großen Aktionen in der Natur zu verbringen.

170 weitere Unternehmen folgen dem Vorbild des Detailhändlers und lassen ihre Verkaufslokale geschlossen. Dafür öffnen Hunderte Nationalparks ihre Tore gratis, um die Naturfans zu empfangen. Weshalb war diese Geschichte so erfolgreich? Sie zahlt äußerst glaubwürdig auf die Marke des Outdoor-Ladens ein: REI steht für Erlebnisse in der Natur. Indem das Unternehmen auf den lukrativen Verkaufstag verzichtet und seine Mitarbeiter und Kunden ermutigt, diesen in der freien Natur zu verbringen, zeigt es, wie wichtig ihm dieses Anliegen ist.

Die Geschichte kann wie folgt auf einen Satz reduziert werden:

Wir verzichten auf alle Einkünfte am Black Friday, damit unsere Mitarbeiter das tun können, wofür wir uns einsetzen: für Erlebnisse in der freien Natur.

»REI schließt am Black Friday.«

Am 27. November schließen wir alle unsere 143 Filialen und bezahlen unsere Mitarbeiter dafür, dass sie in die Natur gehen.

Dies ist unsere Motivation.

Seit 76 Jahren hat sich unsere Genossenschaft einem einzigen Ziel verschrieben: dem Leben in der Natur. Wir glauben, dass das Draußensein unser Leben besser macht. Und der Black Friday ist der perfekte Zeitpunkt, um uns an diese wesentliche Wahrheit zu erinnern.

Unser Unternehmen ist anders – und während der Rest der Welt in Einkaufsgängen um Produkte kämpft, verbringen wir den Tag ein wenig anders. Wir entscheiden uns für draußen und möchten, dass Sie mit uns kommen.

#OptOutside

Jerry Stritzke
President CEO

Heute reicht es nicht mehr, als Unternehmen wirtschaftlichen Erfolg auszuweisen. Vielmehr geht es darum, eine verantwortungsbewusste Rolle in der Gesellschaft einzunehmen. Diese neue Anforderung an Unternehmen verändert auch deren Kommunikation.

Die beliebteste Schweizer Marke 2019 ist der Bonbon-Hersteller Ricola. In der Werbewoche erklärt der Herausgeber der Reputations-Erhebung Lukas Zihlmann: »Um als Unternehmen positiv wahrgenommen zu werden, reicht es nicht mehr aus, innovative, hochwertige Produkte zu vermarkten. Wichtig ist auch, welchen Beitrag das Unternehmen zum Wohlergehen der Gesellschaft leistet«.

Das Unternehmen Ricola verspricht auf seiner Webseite: »Für Ricola ist geschäftlicher Erfolg kein Selbstzweck, vielmehr soll er dazu dienen, Verantwortung gegenüber den Mitarbeiterinnen und Mitarbeitern, der Gesellschaft und der Umwelt wahrzunehmen«.

Die Unternehmung publiziert die Übernahme der Verantwortung äußerst öffentlichkeitswirksam auf ihrer Webseite. Diese ist voll von Geschichten und Welten, die es zu entdecken gibt. Im Mittelpunkt stehen nicht die Produkte, sondern Geschichten, die mit ihnen zu tun haben. Zum Beispiel zur Gesundheit der Bienen, die wertvollen Honig für die Bonbons liefern, oder wie man zu Hause einen Kräutergarten anlegt.

Geschichten sind in der Lage, Werte zu vermitteln und Menschen und Marken miteinander zu verbinden.

GRUND

LAGEN

DIE MARKTSITUATION

Es wird immer schwieriger, mit einem Produkt am Markt herauszustechen, aufzufallen und beim Kunden in Erinnerung zu bleiben. Im April 2019 bietet der Onlineversandhändler Amazon auf amazon.com 119 Millionen verschiedene Produkte zum Kauf an. Kunden sind heute gut informiert und erwarten Nachhaltigkeit in der Produktion, Respekt für die Mitarbeitenden und eine Vision, die höhere Ziele für die Menschheit anstrebt.

+ Wie sollen Produkte, Dienstleistungen und Unternehmen heute um Kunden werben?
+ Wie kann ein Unternehmen für zukünftige Mitarbeiter neuer Generationen attraktiv werden und wie kann es die gegenwärtigen Mitarbeiter halten?

119 MIO.

verschiedene Produkte bietet Amazon weltweit an

WOFÜR STEHT IHRE MARKE, WOFÜR STEHT IHR UNTERNEHMEN?

Nun habe ich eine gute und eine schlechte Nachricht für Sie. Die Gute: Sie haben bestimmt nicht 119 Millionen Mitbewerber in Ihrem Feld. Das hilft schon mal. Die schlechte Nachricht: Es reicht, wenn Sie einen Mitbewerber haben. Denn der Entscheid kann immer noch gegen Sie ausfallen. Wie wirken Sie dem entgegen?

Ihre Marke (Unternehmen, Produkt, Dienstleistung) muss für etwas stehen, damit sie in Erinnerung bleibt. Denken Sie an die Automarke Volvo. Sie steht wie keine zweite Fahrzeugmarke für »Sicherheit«. Der amerikanische Präsident Donald Trump steht simpel für »America first« und der Technologiekonzern Google steht für »Finden«. Keine dieser Marken lassen Zweifel, welches ihre klare Berechtigung am Markt ist. Eine zielgenaue Positionierung ist für Produkte und Dienstleistungen genauso wichtig wie für Personen im Berufsleben. Da lohnt es sich, vor allem als Unternehmer, zu wissen, welches Wort einen treffend beschreibt.

Nehmen Sie sich einen Augenblick Zeit und stellen Sie sich diese Frage, auch wenn Sie sich zurzeit nirgends behaupten oder bewerben müssen.

Stellen Sie sich diese Frage vor jeder Sitzung:

+ Welches ist in dieser Konstellation meine Rolle?
+ Mit welchem einen Wort kann ich mich treffend beschreiben?

SICHERHEIT

AMERICA FIRST

FINDEN

DIE TENNISBALL-REGEL

Werfen Sie einer Person einen Tennisball zu, ist die Chance hoch, dass sie diesen fängt. Werfen Sie derselben Person aber zwei oder mehr Tennisbälle gleichzeitig zu, ist die Chance, dass sie nach dem falschen greift und schlussendlich keinen fängt, hoch.

Die ganze Kunst besteht also darin, nur einen Tennisball zu werfen. Dadurch erhöhen Sie die Chance, dass er beim Gegenüber oder eben Ihrer Zielgruppe ankommt. Und darum geht es bei jeder Kommunikationsmaßnahme. Sie wollen ankommen – mit der gesamten Botschaft.

Suchen Sie bei Ihrer Marke, Ihrem Unternehmen und der Geschichte nicht nach der eierlegenden Wollmilchsau. Sie werden damit Ihr Ziel nur verwässern. Suchen Sie stattdessen nach dem einen Tennisball.

IN DER KÜRZE LIEGT DIE WÜRZE – UND DIE SCHWIERIGKEIT

»Lieber Freund, entschuldige meinen langen Brief, für einen kurzen hatte ich keine Zeit.«

Dieser Satz wird bekannten Persönlichkeiten wie Goethe, Charlotte von Stein, Voltaire, Churchill, Mark Twain und anderen zugeschrieben. Ein Beweis dafür findet sich allerdings nirgends. Am ehesten belegt scheint die Urheberschaft bei dem französischen Mathematiker Blaise Pascal im 17. Jahrhundert.

Die Aussage zeigt die Schwierigkeit, Aussagen auf das Wesentliche zu konzentrieren. Allenfalls haben wir es deshalb heute in der Unternehmenskommunikation oft mit einer kaum verdaubaren Fülle von Präsentationsfolien zu tun.

Oder aber der Grund liegt im nächsten Zitat: »Wenn man etwas nicht einfach erklären kann, hat man es nicht verstanden.« (Die Aussage wird Albert Einstein zugeschrieben, auch diese Herkunft ist nicht bewiesen.)

Überlegen Sie sich daher sehr genau, was Sie wie erklären können. Ergründen Sie den Wissensstand Ihrer Zielgruppe. Haben Sie Mut, Komplexes einfach zu erklären, auch wenn die Zielgruppe sehr gebildet ist. Wahrscheinlich haben sie in dieser spezifischen Thematik nicht Ihren Wissensstand und sonst müssen Sie sich fragen, ob es allenfalls einen besser geeigneten Experten als Sie gibt.

Fragen Sie sich, bevor Sie mit jeder Kommunikationsmaßnahme loslegen:

»Welcher eine Tennisball soll ankommen?«

DIE MARKE

Das Wort Marke lässt sich semantisch auf Markierung zurückführen (die Abgrenzung eines Gebietes gegen ein anderes). Im englischen Sprachgebrauch wird Marke mit Brand übersetzt, das auf Branding, das Kennzeichnen eines Herdentiers durch ein Brandeisen, zurückgeht. Die Begriffe sind in beiden Sprachen in ihrer Doppelbedeutung gebräuchlich, auch wenn sie meist nicht an ihre Herkunft erinnern.

In Deutschland setzte sich in der Amtssprache in der Mitte des 19. Jahrhunderts der Begriff Warenzeichen durch, der erst Mitte der Neunzigerjahre zum Markenrecht wurde.

Heutzutage ist das Markenverständnis breiter. Es umfasst nicht mehr nur Produkte (iPhone), sondern ganze Unternehmen (Apple) oder auch Personen (Steve Jobs).

Ein aktuelles Beispiel für eine Person aus der Kategorie »Famous for being famous« (berühmt für Berühmtheit) ist Kylie Jenner, die dank der Zugehörigkeit zu einer bekannten Familie mittels Social Media eine wertvolle Personenmarke geschaffen hat. Sie gilt, dank ihrem Kosmetikunternehmen Kylie Cosmetics, als jüngste Selfmade-Milliardärin der Welt.

BRAND

FÜR INTERESSIERTE: WISSENSCHAFTLICHE DEFINITION DER MARKE

Mellerowicz beschreibt den Begriff Marke 1963 als die physische Herkunftsbezeichnung eines Produktes, deren Aufgabe es ist, den Konsumenten zu informieren. Marketing-Professor Philip Kotler und Co-Autor Gary Armstrong definieren 1990: »A brand can be defined as a name, term, sign symbol (or a combination of these) that identifies the maker or seller of the product« (S. 449). (Eine Marke kann als Name, Begriff, Zeichensymbol – oder eine Kombination aus diesen – definiert werden, das den Hersteller oder Verkäufer des Produkts identifiziert).

Bernd Radtke nimmt in seiner Definition 2014 den Namen, die Identität, die Differenzierung und die in den Köpfen ausgelösten Vorstellungsbilder auf, indem er Marke definiert als: »Die Gesamtheit einer mit einem Namen oder einem ähnlich prägnanten Brandingelement versehenen Identität und die dadurch ausgelösten Vorstellungsbilder (Images) in den Köpfen der Anspruchsgruppen, die eine Differenzierung gegenüber den Vorstellungsbildern (Images) von anderen in Konkurrenz stehenden Objekten bewirken und das Verhalten der Anspruchsgruppen, insbesondere ihr Wahl- und Kaufverhalten, beeinflussen« (S. 1).

Die Marke wird zudem zentraler im Gesamtverständnis von Unternehmensstrukturen. So definieren Harder und Wüthrich (2016): »Marke zeigt sich als zentrales Mittel der Führung, als strategischer wie operativer Kompass für Entscheidungen über die gesamte Wertschöpfungskette hinweg« (S. 119).

Pfyffer und Schmid (2018) setzen in ihrem Geschäftsmodell die Marke ins Zentrum des Unternehmens (siehe Abbildung »Das Geschäftsmodell«). Um den Kern positionieren sie Leistung (Kundenbeziehung, Leistungserbringung, Mitarbeitende), Angebot (Zielgruppe, Leistungsversprechen, Ertragsmodell) und Aufstellung (Infrastruktur / Ressourcen, Schlüsselprozesse, Organisation / Kooperation).

Es bleibt schwierig, eine trennscharfe theoretische Definition von Marke zu finden; oder wie Kapferer es ausdrückt: »Curiously, one of the hottest points of disagreement between experts is the definition of a brand«, (Kapferer, 2008, S. 7). Merkwürdigerweise ist die Definition einer Marke der wichtigste Punkt, an dem sich Experten nicht einig sind.

DAS GESCHÄFTSMODELL

nach Pfyffer und Schmid

DIE WICHTIGKEIT SINNSTIFTENDER MARKEN

Storytelling und das Formulieren einer Unternehmensbestimmung sind außerordentlich wichtig. Studien belegen, dass Firmen, deren Mission Statements darauf abzielen, das Leben der Kunden zu verbessern, 400 % profitabler sind als der Rest des Marktes und eine deutlich höhere Kunden- und Mitarbeiterzufriedenheit haben.

Heute machen die immateriellen Vermögenswerte den Großteil eines Unternehmens aus. Darin enthalten sind die Marke und die Markengeschichte, die das Unternehmen ihren Teilhabern kommuniziert.

Über die letzten 40 Jahre ist bei den 500 größten US-amerikanischen Unternehmen wie Apple, Google, Microsoft, Bank of America, Nike etc. eine Umkehrung von materiellen hin zu immateriellen Vermögenswerten zu beobachten (Siehe Grafik »Komponenten der Vermögenswerte«). Die Marke stellt innerhalb der immateriellen Vermögenswerten mit 18 % den wertvollsten dar.

Ein bedeutsamer, nicht messbarer Vermögenswert ist das Vertrauen in ein Unternehmen. Dieses Vertrauen geht mit einer starken und sinngeladenen Marke einher. Die Mitarbeiter von vertrauenswürdigen Firmen sind 74 % weniger anfällig für Stress, 76 % engagierter und haben 106 % mehr Energie sowie 13 % weniger Krankheitstage, 29 % höhere Zufriedenheit, 40 % weniger Burn-outs und sind insgesamt 50 % produktiver.

Nicht nur Mitarbeiter, sondern auch Kunden identifizieren sich heutzutage stark mit einer Marke. Oftmals wird die Markengeschichte sogar zum Leitmotiv, wie sich Kunden als Individuen definieren, und die Produkte werden zu Symbolen ihrer Geschichte. Gerade bei jungen Menschen herrscht ein Markenkult, da die Marke auch für die Zugehörigkeit zu einer sozialen Gruppe steht.

Immaterieller Vermögenswert:
+ Marken
+ Logos
+ Patente
+ Kundendaten

Materieller Vermögenswert:
+ Kapital
+ Gebäude
+ Einrichtungen
+ Maschinen

KOMPONENTEN DER VERMÖGENSWERTE

Verschiebung der Vermögenswerte der 500 größten US-amerikanischen Unternehmen

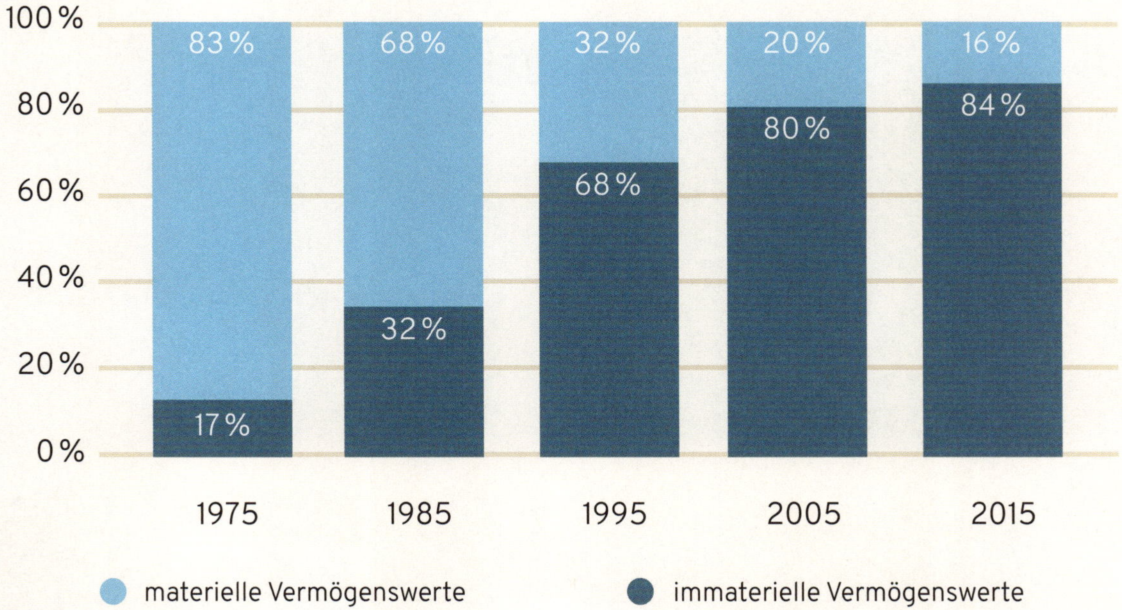

1
COFFEE
NOT
MAKE
WAR
COFFEE CO
HEAD OFFICE

MITNEHMEN AUS DEM KAPITEL GRUNDLAGEN

- Geschichten sind in der Lage, Menschen und Marken miteinander zu verbinden. Geschichten vermitteln die heute wichtigen Werte eines Unternehmens.
- Eine Marke muss für etwas stehen, um in den Köpfen der Kundschaft einfach in Erinnerung zu bleiben.
- Die Tennisball-Regel besagt, dass jeweils nur eine klare Botschaft beim Empfänger ankommen kann.
- Marken können heute Produkte, Dienstleistungen, Unternehmen oder auch Personen sein.
- Die Marke wird immer wichtiger und sollte im Zentrum des Unternehmens stehen.
- Storytelling und das Formulieren der Unternehmensbestimmung sind wichtig und können das Unternehmen profitabler machen.
- Über die letzten 40 Jahre hat in Unternehmen eine Umkehrung von materiellen zu immateriellen Vermögenswerten stattgefunden.
- Die Marke stellt mit 18 % den wertvollsten immateriellen Vermögenswert dar.

STORY

TELLING

DER URSPRUNG DES STORYTELLING

Das Erzählen von Geschichten ist so alt wie die Menschheit selbst. Bis heute sind Teile von Urgeschichten als Wandbilder in Höhlen sichtbar. Einer der bedeutendsten Fundplätze ist die 1994 in Südfrankreich entdeckte Chauvet-Höhle, in der sich Szenen von Wollnashörnern, Pferden, Hyänen, Hirschen und anderen Tieren finden, die vor 31000 Jahren gemalt wurden. Es lässt sich nur ausdenken, wie diese Wandbilder Geschichten im Rahmen von heute als Kult- und Initiationsriten gedeuteten Handlungen waren.

Die Inhalte der erste Geschichten stellten, so interpretiert man heute, das Überleben in einer feindlichen Umgebung dar: Jagdszenen, Aussehen von gefährlichen Tieren und die Herstellung von geeigneten Waffen. Das menschliche Gehirn ist seit jeher auf die Bedeutung von Geschichten getrimmt. Spätestens seit der massiven Informationszunahme und dem Aufkommen der Massenmedien müssen Informationen durch den Menschen allerdings in wichtig und unwichtig eingeteilt werden.

THE FURROW
NEW

Bereits Ende des 18. Jahrhunderts setzen Unternehmer Inhalte und Geschichten für die Promotion ihrer Geschäfte ein. Zum Beispiel Benjamin Franklin, der einen Almanach herausgibt, um sein Druckereigewerbe anzukurbeln, oder der Pharma- und Konsumgüterhersteller Johnson & Johnson, der 1888 Ärzten in einer Publikation erklärt, wie man Verbände anwendet. Heute noch existent und daher besser bekannt sind die Publikationen des Landmaschinenproduzenten John Deere, der 1895 die Erstausgabe des Magazins »The Furrow« (Deutscher Titel: Flur und Furche) veröffentlicht. Ebenso noch verlegt wird der etwas später produzierte Restaurantführer Guide Michelin des Reifenherstellers Michelin.

Alle Beispiele haben eines gemeinsam:

Sie veröffentlichen Inhalt, der für ihre Zielgruppe relevant ist. Dabei steht das Produkt nicht im Vordergrund. Gegenwärtig nennt man diese Art der Bewerbung Content-Marketing.

Storytelling kann als eine Spezialform davon verstanden werden, bei der die Inhalte mittels zielführender Geschichten dramaturgisch erzählt werden.

FÜR INTERESSIERTE: WISSENSCHAFTLICHE DEFINITION DES STORYTELLING

Mit dem Begriff Storytelling verbinden manche Menschen »das Erfinden von Geschichten«; zumal im deutschen Sprachgebrauch das Wort »Geschichte« nicht zwischen dokumentiertem Zeitgeschehen und erfundenen oder wahren Geschichten differenziert. Im Gegensatz dazu bezeichnet das angloamerikanische »Story« eine auf Fakten oder Fiktion beruhende Geschichte und »History« das Zeitgeschehen.

Der Begriff Storytelling ist wissenschaftlich nicht klar definiert. Szyszka beschreibt ihn 2008 als »Konstruktionsformen auf der narrativen Ebene öffentlicher Kommunikation« (S. 620). Herauszustreichen ist der Anspruch an Öffentlichkeit.

Hillmann (2011) definiert Storytelling als »Methode, die systematisch geplant und langfristig angelegt Fakten über ein Unternehmen in Form von authentischen, emotionalen Geschichten vermittelt, die bei den wichtigen internen und externen Bezugsgruppen nachhaltig in positiver Erinnerung bleibt« (S. 63 f). Interessant ist in dieser Definition die Referenz auf Kunden und Mitarbeiter als interne und externe Bezugsgruppen eines Unternehmens.

Wichtig!
+ systematisch geplant
+ langfristig angelegt
Story-telling
bei
+ internen
und
+ externen
Bezugsgruppen
Tell me more
Fakten über ein Unternehmen
+ authentisch
+ emotional
+ nachhaltig
+ positiv erinnert

DAS GESCHICHTEN-GEHIRN

Das menschliche Gehirn ist ein Verknüpfer:
Es knüpft Neues an Bekanntes. Geschichten liefern
viel mehr Anknüpfungspunkte als reine Informationen.

WIRKSAMKEIT DES STORYTELLING

Das menschliche Gehirn verarbeitet rund 11 Millionen Sinneseindrücke pro Sekunde. Klar, dass da ein Filter Wichtiges von Unwichtigem trennen muss. Dafür ist unter anderem die Amygdala, das Angstzentrum im Gehirn, verantwortlich. Dieser Teil des limbischen Systems bevorzugt Geschichten vor trockenen Fakten.

Von den 100 000 Entscheidungen, die der Mensch täglich zu treffen hat, fällt er 70 – 80 % (und wahrscheinlich mehr) unbewusst. Eine genaue Zahl ist schwer zu eruieren, da bis heute eine anerkannte wissenschaftliche Definition des Bewusstseins fehlt.

Im Alltag spricht man von Bauchentscheiden. Diese werden aber nicht aus dem Bauch, sondern aus dem emotionalen Zentrum, dem limbischen System, gesteuert – und dieses empfängt gern Geschichten. Das Hirn versucht, so energieeffizient wie möglich zu arbeiten, und Geschichten reduzieren Komplexität.

Das bedeutet für Unternehmensgeschichten: Je komplexer Ihr Geschäftsfeld ist, desto besser müssen Sie es mittels einer Story vereinfachen.

22

FAKTEN

Das menschliche Gehirn liebt Geschichten mehr als Fakten. Wenn wir Fakten hören, sind lediglich zwei Hirnregionen aktiv: diejenigen für das Sprachverstehen und die Sprachverarbeitung. Und diese liegen im Großhirn, dem Zuhause für abstraktes Denken und dem Begründen.

Das Großhirn

Abstraktes Denken → Begründen

Das Zwischenhirn (limbisch)

Emotionen, Erinnerungen → Entscheiden

Das Stammhirn

Kampf oder Flucht, Reflexe → Autopilot

GESCHICHTEN

Wenn wir hingegen Geschichten hören, sind neben den beiden Sprachzentren auch der Motorkortex – wo die visuellen Eindrücke verarbeitet werden –, die Geruchsverarbeitung, die Areale für die Emotionsentstehung und die Emotionskontrolle, die Region für die willkürlichen Bewegungen und die Erinnerungen aktiv. Geschichten erreichen das Gehirn da, wo auch die Entscheidungen herrühren. Deshalb sind sie auch für Kaufentscheidungen so wichtig. Geschichten werden zudem, anders als Fakten, von der menschlichen Steuerzentrale fast so verarbeitet wie reale Erlebnisse und bleiben entsprechend besser erinnert.

Das Großhirn

Abstraktes Denken → Begründen

Das Zwischenhirn (limbisch)

Emotionen, Erinnerungen → Entscheiden

Das Stammhirn

Kampf oder Flucht, Reflexe → Autopilot

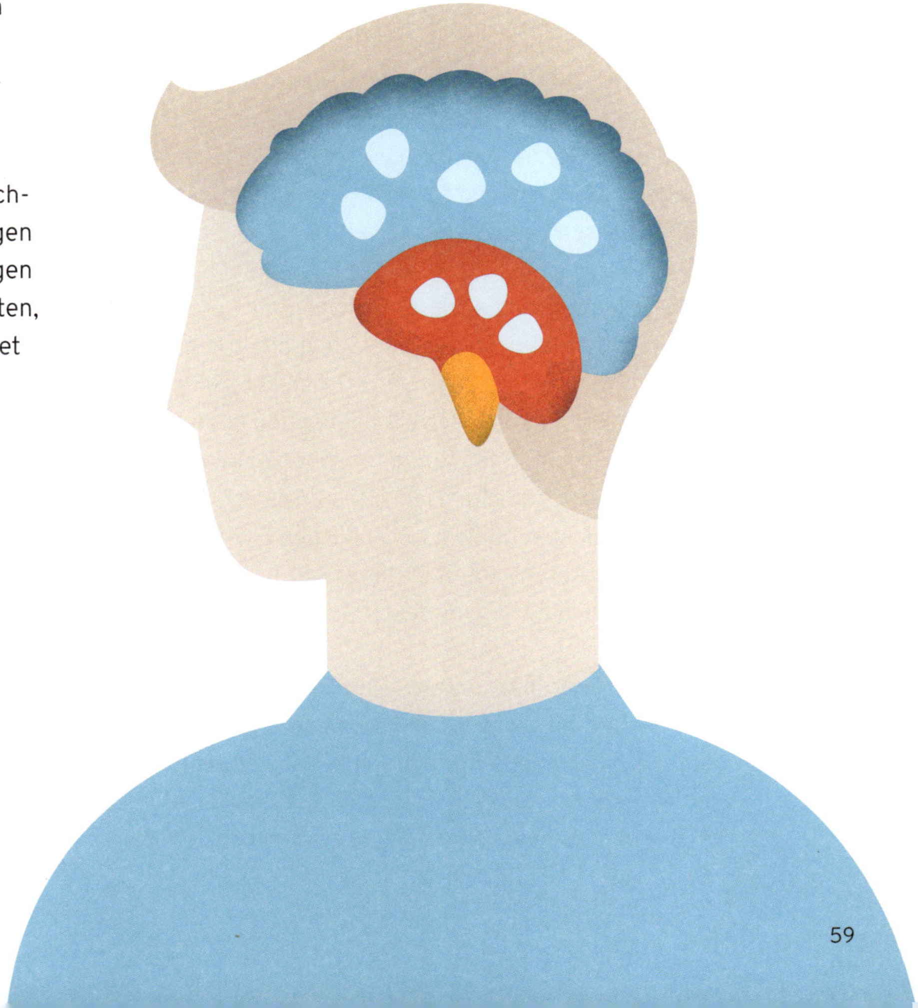

Gesehene Aktionen aktivieren dank Spiegelneuronen dieselben Hirnregionen, die beim Ausführen der Tätigkeit aktiv wären. Diese Erkenntnis verdankt die Wissenschaft einem Zufall: Beim Aufräumen im Tier-Labor greift der Wissenschaftler nach einer Nuss und entdeckt, dass dank Spiegelneuronen beim Affen die Hirnregionen für das Greifen ausschlagen.

Diese Erkenntnis gilt auch für Geschichten: Leser verknüpfen Informationen aus einem Text mit ihrem Wissen über die Welt. Sie verstehen eine Geschichte, indem sie die Ereignisse in Gedanken simulieren und dadurch eine eigene Geschichtenwelt aufbauen. Das Gehirn unterscheidet daher nicht zwischen dem Hören, Sehen oder Lesen einer Geschichte und dem tatsächlichen Erleben. Beim Lesen einer Geschichte über das Klettern sind dieselben Hirnregionen aktiv als würde der Leser selbst klettern.

Eine Künstlergruppe beweist 2009, dass Erzählungen in der Lage sind, Objekte mit Signifikanz aufzuladen: Sie kaufen kleine, unbedeutende Objekte aus Trödlerläden und engagieren Autoren, zu jedem Objekt eine Geschichte zu erfinden. Das Objekt und die als fiktiv deklarierte Geschichte wurden auf ebay inseriert und verkauft (siehe Illustration nebenan).

Das Resultat: Die für 128,74 US-Dollar gekauften Objekte erreichen dank der Geschichten den Gegenwert von 3 612,51 US-Dollar, was einer Steigerung um 2 706 % entspricht.

Geschichten werden auch in der Werbung und in sozialen Medien anderen Erzählformen vorgezogen: Bei Super-Bowl-Werbungen präferieren Zuschauer jene mit dramaturgischem Aufbau.

Dies gilt auch für Twitter: Prominente, die einen narrativen Schreibstil anwenden, werden gegenüber faktenbasierten Tweets vorgezogen. Dies umso mehr, wenn der Inhalt auf das Publikum und nicht auf die eigene Prominenz fokussiert.

Starke Marken erfreuen sich heute einer hohen emotionalen Schubkraft. Studien bestätigen gar, dass Kunden den Marken in der Schaffung einer besseren Zukunft eine wichtigere Rolle zuschreiben als den Regierungen.

5

(...) was supposed to represent our past, our present and our future – as if a silly globe paperweight could ever REALLY do that. But it did. It represented all of our trips, it signified our dreams and it provided us with so much hope for the future.

Which is all gone now,

GONE. GONE. GONE.

I've thrown away all the snowglobes – GOOD RIDDANCE! SAYONARA! But I just can't get rid of my paperweight. I may ask you for it back one day – when I am stronger and more emotionally independent. BUT for now, it is just a sad, sorry, heartbreaking reminder of yet another romantic failure, at least I have you, dear friend – hold my little globe – and my LOVE – close.

Thank you! 

BEISPIELE: STORYTELLING IN DER UNTERNEHMENSFÜHRUNG

Das dänische Spielzeugunternehmen Lego verzeichnet im Jahr 2003 800 Millionen US-Dollar Schulden. Zehn Jahre später gehört es wieder zu den einflussreichsten, stärksten Marken der Welt und erzielt einen Gewinn von 600 Millionen US-Dollar. Dazwischen? Storytelling.

Mittels einer als Film erzählten Geschichte erinnerte Lego seine Kunden daran, dass mit ihren Bausteinen und Fantasie alles entstehen kann. Der Inhalt des Films: Ein durchschnittlicher Lego-Bauarbeiter wird auserwählt, die Welt zu retten, wehrt sich dagegen, schickt sich doch ins Abenteuer, trifft einige Helfer und rettet die kreative Welt von Lego. Stationen, die genau der Heldenreise respektive dem Monomythos entsprechen, wie sie im Kapitel der Heldenreise erläutert werden.

Das Spielzeugunternehmen stellt sich damit an die Spitze der zehn stärksten Marken des Brand Strengths Index von Brand Finance.

Die Seifenmarke Dove von Unilever wirbt seit 2004 mit einer neuen Geschichte: Die Ambassadorinnen in ihren Werbungen entsprechen nicht den klassischen Schönheitsidealen der Werbeindustrie, sondern zelebrieren das Unperfekte, das jeden Menschen einzigartig macht. Dove engagiert sich mit dieser Kampagne gegen überzogene Schönheitsideale und beeindruckt Kunden, Markenprofis und Mitbewerber gleichermaßen. Die erfolgreiche Kampagne hat eine Verdoppelung der Umsätze zur Folge.

BE BEAUTIFUL
DON'T BE PERFECT
CREME
LOTION

EINSATZBEREICHE DES STORYTELLING

Keine Marke kann ohne einzigartige Geschichte auskommen, da erst die Geschichte das Unternehmen mit den Produkten und die Produkte mit der Zielgruppe verbindet. Ob die Markenziele in der Suchmaschinenoptimierung (Auffindbarkeit), der Lead-Generierung (Konversion) oder der Nutzung von Social-Media-Tools wurzeln, keines davon wird effektiv sein ohne überzeugendes Storytelling.

Storytelling kann und soll für die interne und externe Kommunikation angewendet werden. Zudem sollen die Unternehmensgeschichten emotional vermittelt werden und in positiver Erinnerung bleiben. Die ausgearbeiteten, authentischen Geschichten können einmalig oder regelmäßig eingesetzt werden.

Überlegen Sie sich genau, welches der eine Tennisball Ihrer Unternehmung, Ihrer Marke ist. Aus dieser Kerngeschichte generieren Sie anschließend alle folgenden Geschichten für die interne und die externe Kommunikation. Mehr Klarheit dazu generiert der Markenbaum im Kapitel »Toolbox«.

Aus einer Untersuchung geht hervor, dass die 30 größten deutschen Unternehmen (DAX 30) in ihrer erzählenden Kommunikation vor allem auf folgende Typen setzen:

+ die Gründerstory, die auf dem Gründer als Akteur basiert
+ die Meilenstein-Geschichte, in der das Erreichte positiv dargestellt wird
+ das Ergebnisprotokoll, das Daten und Fakten der Unternehmensentwicklung beschreibt

Das Potenzial von Unternehmensgeschichten ist damit alles andere als ausgeschöpft. Die folgende Tabelle liefert einen Auszug aus internen und externen Einsatzbereichen von Storytelling in Unternehmen.

EINSATZBEREICHE DES STORYTELLING

Die nachfolgende Tabelle liefert einen Auszug aus internen und externen Einsatzbereichen des Storytelling in Unternehmen.

Interes Storytelling	Externes Storytelling
Vision und Mission	Produktkommunikation
Mitarbeitergewinnung	Arbeitgebermarkenbildung
Mitarbeiterbindung	Werbung
Unternehmenskultur	Produktankündigung
Veränderungsprozesse	Unternehmensgeschichten
Management	Kundenbeispiele
Partner	Krisenmanagement

Nach der Lektüre dieses Buches sind Sie an der Reihe:
Schaffen Sie es, diese Liste erfolgreich auszuweiten und vor allem die häufig anzutreffende Geschichte, die Gründerstory, richtig zu erzählen?

DIE HELDENREISE

Es gibt eine Formel, die allen guten Geschichten zugrunde liegt. Ihr Entdecker nannte sie »den Monomythos«. Hollywood vereinfachte sie und machte sie als »Heldenreise« bekannt.

TRENNUNG – INITIATION – RÜCKKEHR

Doch wie sollen Geschichten gestaltet sein, damit sie zielgerichtet beim Rezipienten (Empfänger einer Botschaft) ankommen?

Dieser Frage ging der US-amerikanische Professor und Mythenforscher Joseph Campbell nach. Sein nicht einfach zu lesendes Werk »Der Heros in tausend Gestalten« aus den 1940er-Jahren gilt als Standardwerk für das Erzählen von Geschichten. Darin untersucht er zahlreiche Heldengeschichten, Sagen, Märchen und Religionen wie zum Beispiel Apollo, Der Froschkönig, Wotan oder den Buddhismus.

In umfassenden Vergleichen und Deutungen findet Campbell die über alle Geschichten gleichbleibende und vereinfachte Formel:

Trennung – Initiation – Rückkehr.

Er entwirft 17 Stufen, die ein Held durchläuft.

DIE MUTTER ALLER GESCHICHTEN – DIE HELDENREISE

Der US-amerikanische Drehbuchautor Christopher Vogler kürzt den 17-stufigen Monomythos auf zwölf Stufen und nennt sie Heldenreise. Er teilt sie in vier Akte auf: Trennung, Abstieg, Initiation (Aufnahme in einen eingeweihten Kreis) und Rückkehr. Vogler unterscheidet zwischen einer gewohnten und einer ungewohnten Welt, in die der Held erst eintreten muss.

Der Held ist normalerweise der Charakter, der am meisten zu lernen und die längste Reise zu unternehmen hat. Klassischerweise opfert er persönliche Wünsche für etwas Größeres.

In der Heldenreise durchläuft der Held folgende 12 Stufen:

1. Status quo
2. Ruf des Abenteuers
3. Verweigerung
4. Begegnung mit dem Mentor
5. Überschreiten der ersten Schwelle
6. Bewährungsproben
7. Vordringen zur tiefsten Höhle
8. Entscheidende Prüfung
9. Belohnung
10. Rückweg
11. Auferstehung
12. Rückkehr mit dem Elixier

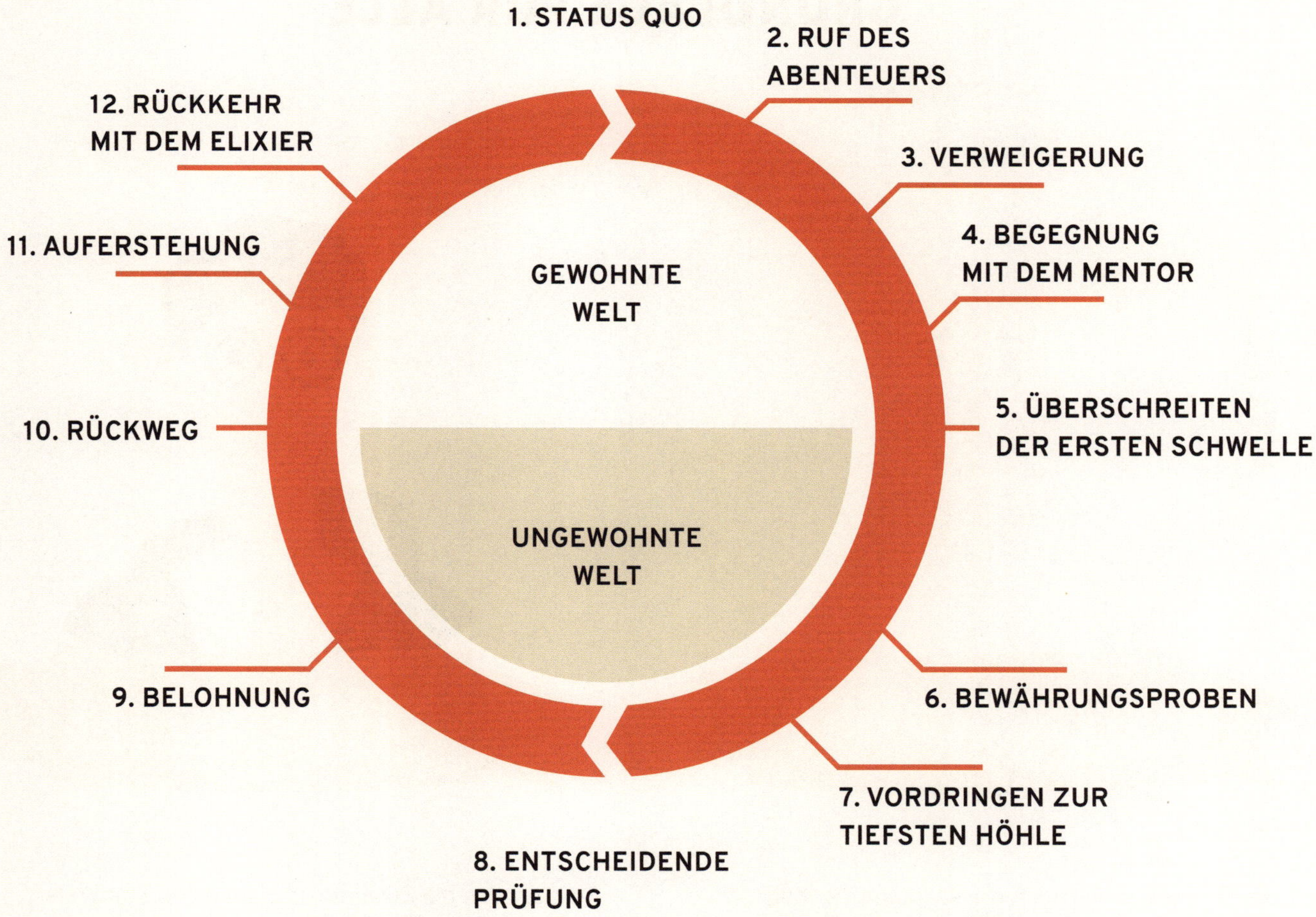
1. STATUS QUO
2. RUF DES ABENTEUERS
3. VERWEIGERUNG
4. BEGEGNUNG MIT DEM MENTOR
5. ÜBERSCHREITEN DER ERSTEN SCHWELLE
6. BEWÄHRUNGSPROBEN
7. VORDRINGEN ZUR TIEFSTEN HÖHLE
8. ENTSCHEIDENDE PRÜFUNG
9. BELOHNUNG
10. RÜCKWEG
11. AUFERSTEHUNG
12. RÜCKKEHR MIT DEM ELIXIER
GEWOHNTE WELT
UNGEWOHNTE WELT

EINE GESCHICHTE ALS GRUNDLAGE FÜR ALLE

Der Grundlage der Heldenreise folgen die meisten erfolgreichen Romane und Hollywood-Blockbuster.

So lässt sich die Zusammenfassung von Star Wars nur durch den Austausch der Namen in die von Harry Potter verändern:

HARRY POTTER UND DER STEIN DER WEISEN

~~STAR WARS~~

Harry Potter ~~Luke Skywalker~~ ist ein Waisenkind, das mit seinem Onkel und seiner Tante in der ~~abgelegenen Wildnis~~ der Vorstadt ~~von Tatooine~~ lebt. Harry ~~Luke~~ wird von dem weisen, bärtigen Hagrid ~~Obi-Wan Kenobi~~ vor Muggels ~~Außerirdischen~~ gerettet. Hagrid ~~Obi-Wan~~ verrät Harry ~~Luke~~, dass Harrys Vater ebenfalls ein Zauberer ~~Jedi-Ritter~~ war und der beste Quidditch-Spieler, den den er je gesehen hatte. Harry ~~Luke~~ wird in der Ausbildung zum Quidditch ~~Jedi-Ritter~~ im Umgang mit dem Flugbesen ~~Jedi-Lichtschwert~~ geschult. Harry ~~Luke~~ erlebt viele Abenteuer und gewinnt neue Freunde wie Ron ~~Han Solo~~ und Hermine ~~Prinzessin Leia~~. Im Laufe dieser Abenteuer profiliert er sich als Top-Talent ~~Pilot~~ in der Schlacht von Slytherin vs. Gryffindor ~~Todesstern~~ und erzielt einen Volltreffer, der Gryffindor ~~Rebellen~~ den Sieg gegen die Slytherin ~~Mächte des Bösen~~ sichert. Harry ~~Luke~~ verabschiedet sich auch von der Bedrohung durch Voldemort ~~Darth Vader~~, der, wie wir alle wissen, seinen Vater ~~Onkel~~ und seine Mutter ~~Tante~~ ermordet hat. Im Finale erhalten Harry ~~Luke~~ und seine neuen Freunde den Hauspokal ~~Tapferkeitsmedaillen~~.

Auch Blockbuster-Geschichten wie »Star Wars«, »König der Löwen«, »Matrix«, »Harry Potter«, »Spider Man« oder »Herr der Ringe« sind auf der Basis der Heldenreise aufgebaut. Sie alle folgen den immer gleichen zwölf Stufen, wie sie Christopher Vogler in seinem Memo an Hollywood zusammenfasste.

Sehen Sie sich auf den folgenden Seiten an, wie die sechs Helden diese Stufen durchlaufen und am Ende mit dem Elixier zurückkehren.

Hätten Sie sich also die Bücher oder Kinokarten für fünf weitere Erzählungen sparen können?

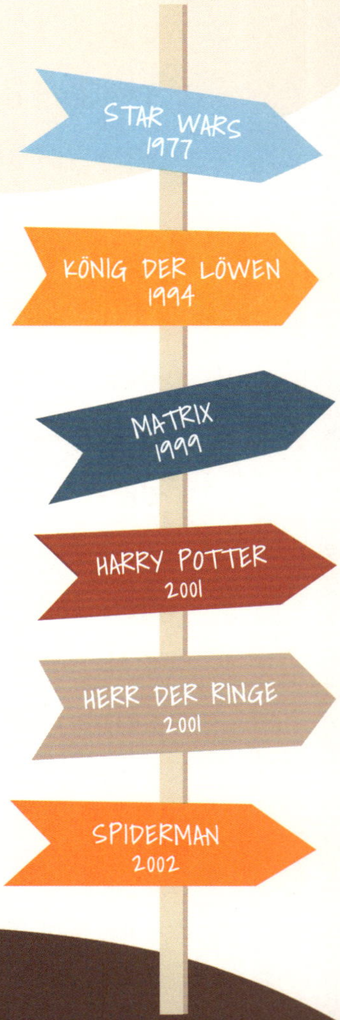

DIE HELDENREISE IN 6 POPULÄREN GESCHICHTEN

01. STATUS QUO	02. RUF DES ABENTEUERS
Luke Skywalker lebt auf einer Feuchtfarm auf Tatooine.	R2-D2 überbringt Luke eine Nachricht von Prinzessin Leia, in der sie Obi-Wan Kenobi um Hilfe bittet.
Simba ist der Thronfolger in den geweihten Ländern.	Scar tötet Mufasa und sagt Simba, er solle die geweihten Länder verlassen.
Thomas Anderson führt ein Doppelleben als normaler Bürger und als Hacker Neo.	Neo erhält kryptische Botschaften, die sich auf »Die Matrix« beziehen.
Harry Potter lebt im Schrank unter der Treppe am Ligusterweg 4.	Harry erhält einen Brief, in dem er gebeten wird, die Hogwarts-Schule für Hexerei und Zauberei zu besuchen.
Frodo wohnt im Auenland und besucht Bilbo.	Gandalf sagt Frodo, dass er den »einen Ring« zerstören muss.
Peter Parker ist ein nerdiger Student, der von seinen Klassenkameraden schikaniert wird.	Eine genetisch manipulierte Spinne beißt Peter und er wacht mit Superkräften auf.

03. VERWEIGERUNG	04. BEGEGNUNG MIT DEM MENTOR
Luke nimmt Obi-Wans Angebot nur widerwillig an.	Obi-Wan Kenobi gibt Luke das Lichtschwert seines Vaters und bietet an, Luke zu einem Jedi auszubilden.* (* Dieser Schritt geschieht ausschließlich in Star Wars vor der Verweigerung.)
Simba zieht sich verängstigt und allein in die Wüste zurück.	Timon und Pumbaa führen Simba in das Leben im Dschungel ein.
Neo spricht mit Trinity, ist sich aber nicht sicher, ob es ein Traum ist.	Morpheus sagt Neo, er solle die rote Pille (zeigt die Wahrheit) oder die blaue Pille (Rückkehr zum alten Leben) nehmen.
Harry glaubt nicht, dass er ein echter Zauberer sein könnte.	Hagrid bringt Harry in die Diagon-Allee, wo Harry seine Schulausrüstung kauft.
Frodo will das Leben, das er kennt, nur ungern verlassen.	Gandalf stellt Frodo der Gemeinschaft des Rings vor.
Peter setzt seine Kräfte ein, um in einem unterirdischen Kampfring Geld zu erkämpfen.	Onkel Ben rät Peter, dass »mit großer Macht auch große Verantwortung einhergeht«.

05. ÜBERSCHREITEN DER ERSTEN SCHWELLE

Luke begleitet Obi-Wan nach Alderaan, um Leias Vater die Pläne für den Todesstern zu übergeben.

Simba umarmt das »Hakuna matata«-Leben und lebt mit Timon und Pumbaa

Neo wählt die rote Pille und erwacht aus der Matrix.

Harry erfährt vom Tod seiner Eltern durch die Hand von Lord Voldemort.

Die Gemeinschaft macht sich auf die Reise zum Schicksalsberg.

Peter hält Onkel Bens Mörder auf und erkennt, dass er seine Kräfte einsetzen muss, um das Verbrechen zu stoppen.

06. BEWÄHRUNGSPROBEN

Han Solo und Chewbacca vereinbaren, Luke und Obi-Wan nach Alderaan zu bringen.

Nala findet Simba und die beiden verlieben sich ineinander.

Morpheus trainiert Neo, um seine Rolle als »der Auserwählte«, der die Menschheit befreien wird, zu erfüllen.

Harry passt sich an das Leben in Hogwarts an.

Die Gemeinschaft steht dem Balrog gegenüber, der Gandalf mit in die Grube zieht.

Peter wird Spiderman und macht Fotos für den Daily Bugle.

07. VORDRINGEN ZUR TIEFSTEN HÖHLE	08. ENTSCHEIDENDE PRÜFUNG
Der Todesstern zerstört Alderaan; sie dringen in den Todesstern ein und retten Prinzessin Leia.	Die Gruppe rettet Leia, aber Darth Vader tötet dabei Obi-Wan Kenobi.
Nala bittet Simba, in die Stolzen Länder zurückzukehren und den Thron zu übernehmen.	Simba muss sich entscheiden, sein Königreich zu retten oder sein neues Leben weiter zu leben.
Das Orakel sagt Neo, dass er oder Morpheus sterben werden, und Neo hat die Macht zu wählen, wer.	Neos Gruppe wird von Agenten in der Matrix in einen Hinterhalt gelockt.
Harry, Ron und Hermine planen, den Stein der Weisen vor Snape zu bekommen.	Harry, Ron und Hermine überwinden die Hindernisse, die zum Schutz des Steins der Weisen aufgestellt wurden.
Frodo sieht die korrumpierende Macht des Rings und geht allein mit Sam vor.	Gollum führt Frodo von Sam weg in die Höhle von Kankra, aber Sam rettet ihn.
Der Grüne Kobold (Norman Osborn) bittet Spiderman, sich ihm anzuschließen, aber Peter weigert sich.	Norman findet heraus, dass Peter Spiderman ist, und entführt Mary Jane.

09. DIE BELOHNUNG	10. RÜCKWEG
Luke beschließt, sich den Rebellen anzuschließen, um den Todesstern zu zerstören.	Luke lehnt Han Solos Angebot ab, da er sich dafür entscheidet, bei der Überwindung des Galaktischen Imperiums zu helfen.
Mufasas Geist sagt Simba, dass er in die Stolzen Länder zurückkehren muss.	Simba kehrt in die Stolzen Länder zurück und sieht sich mit Scar konfrontiert.
Neo gibt sich selbst die Schuld an der Gefangennahme von Morpheus und betritt die Matrix, um ihn zu retten.	Bevor Neo die Matrix wieder verlassen kann, tötet Agent Smith ihn.
Harry betritt den Raum, in dem der Stein der Weisen versteckt ist.	Harry steht Professor Quirrel gegenüber, der Voldemort in seinem Körper aufgenommen hat.
Frodo, der durch die Macht des Rings korrumpiert ist, will ihn nicht mehr zerstören.	Gollum beißt Frodo den Ringfinger ab und springt ihm hinterher bis zum Tod.
Spiderman rettet Mary Jane und erfährt die Identität des Grünen Kobolds.	Bei Normans Beerdigung schwört Harry, Peters bester Freund, den Tod seines Vaters zu rächen.

11. DIE AUFERSTEHUNG	12. RÜCKKEHR MIT DEM ELIXIER
Luke erinnert sich an Obi-Wans Ratschlag und nutzt die Macht, um ihm zu helfen, den Todesstern zu zerstören.	Luke gewinnt eine Medaille und macht seine ersten Schritte auf dem Weg zum Jedi.
Simba erfährt, dass Scar seinen Vater getötet hat, Simba wirft Scar vom Pride Rock.	Simba besteigt den Pride Rock und holt sich den Thron zurück.
Trinity sagt Neo, dass sie ihn liebt, also muss er der Auserwählte sein. Neo lebt wieder auf und tötet Agent Smith.	Neo ruft in der Matrix an und sagt den Maschinen, dass er die Menschheit befreien wird.
Harry wacht im Krankenhaus auf; Dumbledore erklärt, dass Harry durch die Liebe seiner Mutter geschützt ist.	Harry kehrt für den Sommer nach 4 Privet Drive zurück und ist glücklich, nach Hogwarts zu gehören.
Sauron wird besiegt und Frodo und Sam vereinen sich wieder mit der Gemeinschaft.	Traumatisiert verlässt Frodo Mittelerde, um mit den Elfen in den Grauen Häfen zu leben.
Mary Jane gesteht ihre Liebe zu Peter, aber er weist sie zurück, um sie davon abzuhalten.	Peter erinnert sich an Onkel Bens Worte und macht sich seine Rolle als Spiderman zu eigen.

Die Heldenreise kann daher als Mutter aller funktionierenden Geschichten bezeichnet werden. Ihr zu folgen ist sicherlich ein guter Rat. Doch wenn Sie jetzt denken, dass diese zwölf Stufen auf Ihre Unternehmensgeschichte nicht sehr einfach anwendbar sind, haben Sie wohl recht. Aus diesem Grund folgt das Brandtelling-System einer sehr vereinfachten Form dieser Reise. Dazu mehr im folgenden Kapitel »Toolbox«.

Vorher wollen wir uns anschauen, welche Faktoren als Rahmen rund um eine Geschichte geklärt sein müssen.

Dazu hat sich Kommunikationsforscher Harold Dwight Lasswell Gedanken gemacht. Seine fünf Fragen gelten noch heute als Grundlage der Massenkommunikation. Sie entstanden zur selben Zeit wie die vorher beschriebene Heldenreise von Joseph Campbell.

Die Fragen zur Beschreibung eines Kommunikationsakts lauten:

+ Wer?
+ Sagt was?
+ In welchem Kanal?
+ Zu wem?
+ Mit welchem Effekt?

Dieses unidirektionale Modell (nur den Sender und nicht den Empfänger einbeziehend) bietet unter anderem die Grundlage für das Storytrichter-Modell in der Toolbox (siehe folgendes Kapitel).

MITNEHMEN AUS DEM KAPITEL STORYTELLING

Es lässt sich abschließend festhalten, dass Geschichten die Menschheit seit jeher begleiten. Geschichten zu erzählen ist die einfachste Technik beziehungsweise Präsentationsform, un Informationen im Gehirn des Gegenübers zu verankern. Sie sind in der Lage, (Kauf-) Entscheide zu beeinflussen. Ungeachtet ihres Einsatzorts brauchen Geschichten einen klaren Aufbau. Ihr Kernthema sollte sich in einem Wort beschreiben lassen. Ihre Wichtigkeit für den Unternehmenserfolg ist erwiesen und nimmt kontinuierlich zu.

+ Menschen erzählen sich Geschichten, seitdem sie existieren. Heute noch lassen sich solche Urgeschichten in Höhlen sehen.

+ Im 18. Jahrhundert haben Unternehmen begonnen, Geschichten für sich und die Verkaufsförderung zu nutzen.

Storytelling funktioniert aus verschiedenen Gründen:

+ Geschichten gelangen einfacher als Fakten ins Verarbeitungszentrum des Gehirns und aktivieren dort eine Vielzahl an Hirnregionen.

+ Geschichten sind in der Lage, komplexe Sachverhalte einfach darzustellen, und reduzieren damit den Aufwand für das Hirn.

+ Das Publikum einer Geschichte verbindet sich sowohl mit dem Sender als auch mit ihrem Protagonisten.

Beim Aufbau einer Unternehmensgeschichte gilt es, aus einer Kerngeschichte die Geschichten für die interne und die externe Kommunikation zu generieren.

- Storytelling und das Formulieren einer klaren Unternehmensbestimmung sind wichtig und werden immer wichtiger. Sie machen das Unternehmen nachweislich profitabler.

- Immaterielle Vermögenswerte wie die Marke gewinnen zunehmend an Bedeutsamkeit.

- Kunden schreiben der Marke in der Zukunftsgestaltung eine wichtigere Rolle zu als den Regierungen.

- Lego und Dove liefern Beispiele für gut erzählte Geschichten, die den Unternehmen Gewinn brachten.

Aus der Theorie ergeben sich folgende Erkenntnisse:

- Kommunikation besteht immer aus Sender und Empfänger. Zentral sind in der Kommunikationsforschung die Fragen: Wer sagt was in welchem Kanal zu wem mit welchem Effekt?

- Joseph Campbell liefert mit dem Monomythos die Reduktion von funktionierenden Geschichten auf 17 Stufen.

- Christopher Vogler reduziert diesen auf zwölf Stufen und nennt ihn Heldenreise.

- Zentral bleiben die Stationen: gewohnte und ungewohnte Welt, der Ruf zum Abenteuer (das auslösende Moment), Begegnung mit dem Mentor, der Kampf, Rückkehr mit dem Elixier.

- Bekannteste Geschichten in großen Unternehmen sind Gründerstorys, Meilenstein-Geschichten und Ergebnisprotokolle. Aber es gibt mehr.

TOOL

BOX

KISS

Jedes System, jedes Modell und jede Canvas ist nur so gut, wie sie verstanden werden und Benutzer damit arbeiten können. Das visuell schönste Modell ergibt keinen Sinn, wenn es nicht ermöglicht, komplexe Sachverhalte vereinfacht darzustellen. Denn wie bereits erwähnt, bevorzugt das menschliche Gehirn Einfachheit.

Albert Einstein soll gesagt haben: »Wenn man etwas nicht einfach erklären kann, hat man es nicht verstanden.« Und dies, obwohl oder gerade weil er im sehr komplexen Feld der theroretischen Physik forschte. Bereits im 13. Jahrhundert erkennt der mittelalterliche Philosoph Wilhelm von Ockham die Stärke der Einfachheit. Sein Ockhamsches Rasiermesser oder das Prinzip der Einfachheit besagt, dass zur Erklärung eines komplexen Sachverhaltes die einfachste aller Möglichkeiten gewählt werden sollte. Heute wird diese Vorliebe zum Einfachen im KISS-Prinzip vereint. Das Akronym steht für »Keep it short and simple« (Halte es kurz und einfach) und meint, immer die einfachste Erklärung mit den wenigsten Variablen zu wählen.

Das Brandtelling-System soll diesem Anspruch gerecht werden und komplexe Sachverhalte so reduziert wie möglich darstellen und begreif- und anwendbar machen. Denn oft ist es in Unternehmen der Fall, dass Storytelling und Markenführung ein Bereich ist, der flankierend von der Verkaufs- oder der Kommunikationsabteilung betreut wird. Bei kleinen Unternehmen werden solche Aufgaben meist von Assistenzpersonen der Geschäftsleitung übernommen. Umso bedeutsamer ist es, das System so verständlich wie möglich zu halten. Es soll ohne großes Vorwissen anwendbar sein.

DIE TOOLBOX

Im Brandtelling-Werkzeugkasten finden Sie drei Modelle und eine Canvas.

- Das erste Modell, **der Markenbaum**, zeigt visuell auf, wie Sie Ihr Unternehmen in der Markenführung verstehen sollten und weshalb Sie sich eine Stammgeschichte zulegen sollten.
- Der **Storytrichter** zeigt Ihnen auf, welche Faktoren vor der Entwicklung einer Geschichte zu klären sind. Er gibt Ihnen den Rahmen für jede Kommunikationsmaßnahme vor.
- Die **Storywurzel** ist schlussendlich das Herzstück, sie ist die Reduktion der zuvor beschriebenen Heldenreise zu Marketingzwecken.
- Die **Canvas** vereint die Modelle Storytrichter, den Rahmen, und die Storywurzel, die Geschichte, zu einer beschreibbaren Vorlage. Sie ist so optimiert, dass in Gruppen am visuellen Diagramm gearbeitet werden kann.

Im Folgenden werden Sie einzeln an die Modelle herangeführt, sodass Sie direkt nach der Lektüre mit dem Entwickeln Ihrer Geschichte starten können.

Die drei Modelle werden in ihrer Abfolge immer detaillierter.

- Wo können Sie Storytelling in Ihrem Unternehmen oder für Ihre Marken einsetzen?
- Was wollen Sie erzählen?
- Und wie sollen Sie die Geschichte erzählen?

Die Modelle decken damit die Bereiche von der Strategie bis zur Umsetzung ab. Die Canvas bereitet zudem die Modelle Storytrichter und Storywurzel für Workshops als Arbeitsvorlage auf.

DIE WERKZEUGE DER BRANDTELLING-TOOLBOX

MARKENBAUM

Wo?

Wo können Sie Storytelling in Unternehmen oder für Marken einsetzen?

STORYTRICHTER

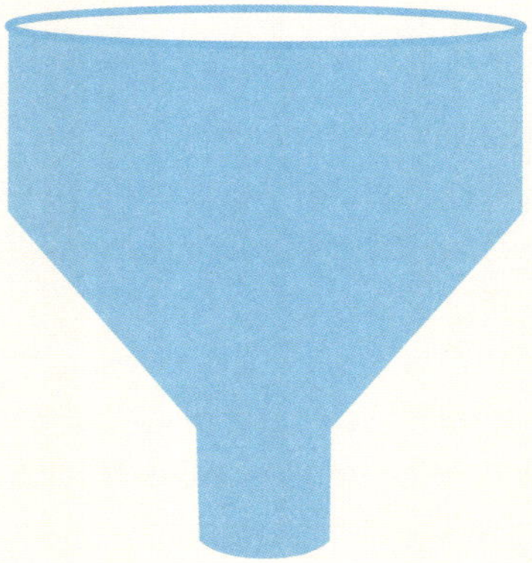

Was?

Was erzählen Sie wem?

Auf den folgenden Seiten erwarten Sie die Modelle für Ihr zukünftiges Storytelling. Diese Doppelseite hilft Ihnen, die Modelle richtig einzuordnen, um in jeder Situation das richtige Werkzeug zur Hand zu haben.

STORYWURZEL

STORYTELLING-CANVAS

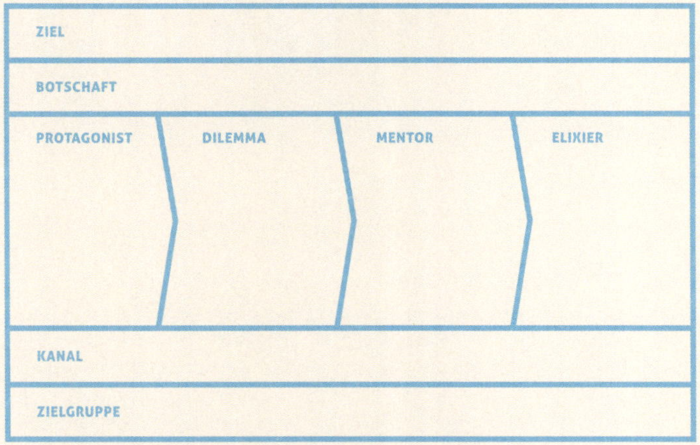

Wie?

Wie erzählen Sie die Geschichte zielführend?

Resultat

Die Canvas vereint die Modelle Storytrichter und Storywurzel als praktische Arbeitsvorlage.

Umsetzung

DER MARKENBAUM

Begreifen Sie Ihr Unternehmen neu als Baum. Sie werden aus der Stammgeschichte die Kraft für die externe und interne Kommunikation schöpfen können.

DER MARKENBAUM

Storytelling steht heute im Mittelpunkt einer guten Unternehmensführung und einer erfolgreich geführten Marke. Zahlreiche Modelle setzen die Marke, die daraus resultierende Markenmission sowie Werte und Wertversprechen ins Zentrum des Unternehmens.

Das Modell des Markenbaums nimmt diesen Ansatz auf und stellt das Unternehmen als Baum mit Stamm, Krone und Wurzeln dar. Es verdeutlicht auf einfache Weise die Verbindung der internen und der externen Kommunikation mit dem Markenkern.

Von außen sichtbar sind lediglich Stamm und Krone des Baumes. Unter der Erde verbirgt sich das weit verzweigte Wurzelwerk. Dieses ist durch den Stamm mit der Krone verbunden.

Den Stamm des Markenbaums bildet die Marke. Sie ist der Mittelpunkt des Unternehmens, gleichsam seine DNA. Aus ihr wächst das Außen, die Persönlichkeit des Unternehmens. Unter der Erde, im nicht sichtbaren Bereich des Baums, verbirgt sich der genauso wichtige Teil, das Innen (der Charakter) des Unternehmens.

+ Das **Außen** subsumiert die Kundenbeziehungen, die Produkte, den Auftritt, die Werbung und die gesamte Außenwirkung des Unternehmens.

+ Im **Innen** finden sich die Mitarbeiter, das Management, die Organisation, ihre Entwicklung, die Partner und alles, was nicht öffentlich sichtbar ist.

+ **Die Marke** verbindet das Innen mit dem Außen. Alles wächst von der Wurzel durch den Stamm ins Außen. Umgekehrt ist alles Äußere durch den Stamm mit dem Inneren verbunden. Der Baum braucht das CO_2 von aussen, um Wurzeln zu treiben, und das Wasser, um die Krone wachsen und Früchte reifen zu lassen. Anders kann er nicht prosperieren.

Überlegen Sie sich, wie gut in Ihrem Unternehmen das Innen mit dem Außen verbunden ist. Fragen Sie sich nach der Stammgeschichte. Welches ist die eine Geschichte, die Grundlage für alle anderen Geschichten in der internen und externen Kommunikation Ihres Unternehmens? Überlegen Sie sich auch als Geschäftsführer oder Leiter einer Abteilung, was Sie ausmacht. Welches ist Ihre Stammgeschichte und wie zahlt sie ein auf das, was Sie extern und intern tun?

Jeder Kunde und jeder Mitarbeiter weiß, dass alle Produkte bei Goolge für Finden stehen. Ihre Unternehmensmission lautet daher auch: »Unsere Mission: Die Informationen dieser Welt organisieren und allgemein zugänglich und nutzbar machen.« Jedes Produkt, jeder Service von Google zahlt auf diese Stammgeschichte, dieses Mission Statement ein. Im besten Fall finden Sie für Ihr Unternehmen eine Stammgeschichte, die sich auch auf alle Bereiche anwenden lässt. Den einen gemeinsamen Nenner, auf den sich alle später folgenden Geschichten zurückführen lassen. Respektive in die alle weiteren Geschichten einzahlen.

Manchmal liegen solche Geschichten in der Zukunft, an dem Ziel, das Sie erreichen wollen, oder weit zurück in der Vergangenheit. Denken Sie zum Beispiel an Mercedes Benz: Der Firmen-Mitgründer Carl Benz meldete 1886 das erste Automobil zum Patent an. Er ist damit der Erfinder des Autos. Was würde es auslösen, wenn jeder Mitarbeiter und jeder Kunde dies spürte?

Dem erfolgreichen britischen Unternehmer Sir Richard Branson wird folgendes Zitat zugeschrieben: »Clients do not come first. Employees come first. If you take care of your employees, they will take care of the clients.« Kunden stehen nicht an erster Stelle. Mitarbeiter stehen an erster Stelle. Wenn Sie sich um Ihre Mitarbeiter kümmern, kümmern diese sich um die Kunden.

Die Aussage zeigt, übersetzt auf das Modell, wie wichtig es ist, einen Baum von der Wurzel her zu pflegen. Denn nur wenn die Wurzeln gesund sind, wird Nahrung durch den Stamm in die Krone gelangen, um dort Früchte zu treiben.

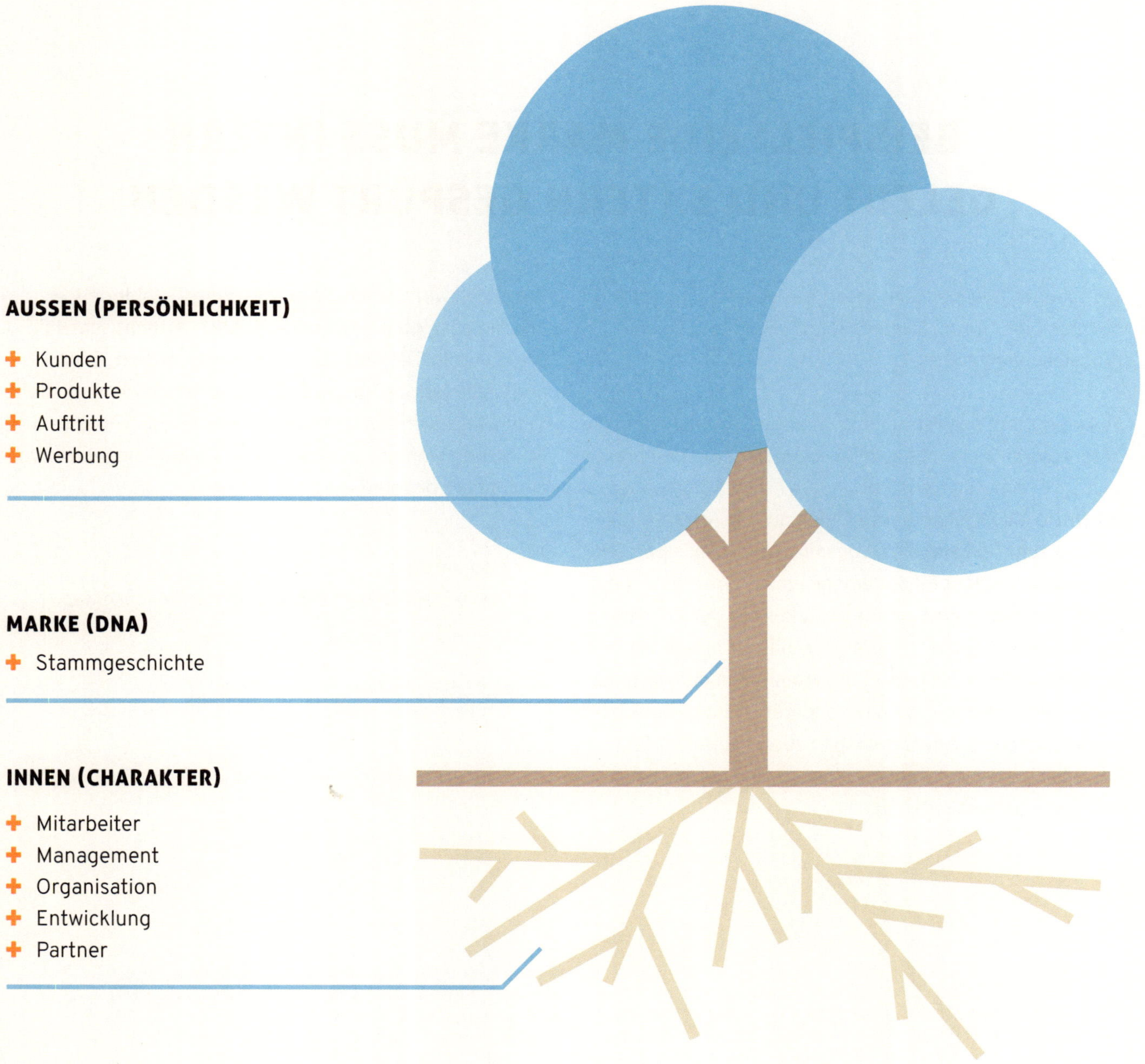
AUSSEN (PERSÖNLICHKEIT)
+ Kunden
+ Produkte
+ Auftritt
+ Werbung
MARKE (DNA)
+ Stammgeschichte
INNEN (CHARAKTER)
+ Mitarbeiter
+ Management
+ Organisation
+ Entwicklung
+ Partner

BEISPIEL: EINE MARKE MUSS INTERN GELEBT UND EXTERN GESPÜRT WERDEN

Ein schönes Beispiel dazu liefert das australische Unternehmen Link Group, das technologiegestützte Verwaltungslösungen anbietet.

Es beginnt mit der Vorstellung von drei Protagonisten, die unterschiedlicher nicht sein könnten: Der eine beschreibt sich als Computer-Nerd, der andere als Naturliebhaber, die Dritte als Familienmensch. Sie und ihre Arbeitsplätze werden zum Takt von Musik gezeigt. Über denselben Takt der Musik und über Einstellungen eines Büros spricht ein Protagonist die Kernaussage des Videos: »Bei Link lieben alle, was sie tun, und schöpfen aus dieser Energie den Spaß für die Arbeit.« Das ist der Moment, in dem sich das Unternehmensvideo von allen anderen Videos abgrenzt: Die gezeigten Mitarbeiter wippen zuerst subtil im Takt mit und brechen am Ende des Videos in wilde Tänze in den Büroräumlichkeiten aus.

Das Video wirkt durch die vorgestellten Protagonisten und die gezeigten Räume unglaublich authentisch und glaubwürdig. Die Aussagen Spaß an der Arbeit, Energie und Liebe für das Tun sind spürbar wie in keinem zweiten Video. Man sieht förmlich, dass jeder Teil des Films sein wollte und niemand in einer unnatürlichen Umgebung vor die Kamera gebeten wurde.

Video unter:
https://brandtelling.ch/buch/beispiele/#linkgroup

HY
HY

DER STORYTRICHTER

Stellen Sie sich den Rahmen jeder Kommunikationsmaßnahme als Trichter vor: Sie wollen, dass möglichst viel von dem, was Sie oben in die Öffnung kommunizieren, unten bei der Zielgruppe ankommt.

DER STORYTRICHTER

Das Modell des Storytrichters veranschaulicht den Rahmen einer Kommunikationsmaßnahme respektive einer guten Geschichte.

Das Modell gibt Aufschluss über die vier Fragen:

1 Welches Ziel verfolgt die Kommunikation?

2 Welche Botschaft will sie vermitteln?

3 Über welchen Kanal soll sie übermittelt werden?

4 Wen soll sie erreichen?

Die oben in den Trichter kommunizierte Botschaft soll unten möglichst 100 % der Zielgruppe erreichen. Der limitierende Flaschenhals dazwischen ist der Kanal. Dieser muss den Konsumgewohnheiten der Zielgruppe entsprechen.

Der Storytrichter umfasst den Rahmen von Geschichten, nicht aber, wie diese aufgebaut sein sollen. Dazu gibt das Modell der Storywurzel Aufschluss.

Grundlage des Storytrichters bietet die Kommunikationstheorie um die Fragen »Wer sagt was in welchem Kanal zu wem mit welchem Effekt?« aus dem Kapitel »Storytelling«.

In der Firmenkommunikation ist der Sender eindeutig: Es ist die Unternehmung, die Abteilung oder eine einzelne Person – vom Mitarbeiter bis zur Geschäftsführerin. Folglich gilt es, im Modell lediglich die verbleibenden vier Fragen zu klären.

Die rahmengebenden Überlegungen des Storytrichters helfen Ihnen, neben Ihrer eigenen Klarheit auch ein gutes Agenturbriefing zu verfassen. Denn Antworten auf solche und ähnliche Fragen helfen Agenturen, die Kreativität in eine für Sie zielführende Richtung zu kanalisieren.

+ Alle an der Kommunikationsmaßnahme beteiligten Mitarbeitenden müssen hinter dem gewählten Ziel stehen. Dies ist vor allem in Großunternehmen nicht immer einfach. Es bedingt, dass Interessenvertreter auch mal von ihrem eigenen Ziel abweichen können.

+ Genauso verhält es sich bei der Botschaft. Diese muss eindeutig gewählt werden und ausschließlich dem Ziel dienen. (Sie erinnern sich an die Tennisball-Regel.)

+ Der Kanal gibt über den Ort, die Zeit und die Art Aufschluss wo, wann und wie die Zielgruppe Inhalte konsumiert. Dazu gilt es, die Zielgruppe sehr genau zu kennen oder im Vorfeld beobachtet zu haben.

+ Die Zielgruppe können Ihre Kunden oder Teile davon sein, Menschen aus neuen Marktsegmenten, die Sie erreichen wollen, etc. Je genauer Sie diese kennen, desto zielsicherer werden Sie sie erreichen.

Vorsicht: Lassen Sie im Storytrichter solche und ähnliche Antworten nicht gelten

+ Ziel: Wir wollen den Umsatz steigern. (Klar. Aber wie? Mit welchem Nutzen für die Kunden?)

+ Botschaft: Wir wollen kommunizieren, dass wir die Besten sind. (Das differenziert Sie nicht von Ihren Mitbewerbern. Was macht Sie denn so gut?)

+ Kanal: Wir machen ein virales Video, das alle sehen. (Das wünscht sich jedes Unternehmen. Dazu gehört aber viel Planung und immer auch etwas Glück.)

+ Zielgruppe: Wir wollen alle erreichen. (Das werden Sie nicht. Denn dazu ist die Beschreibung der Zielgruppe viel zu ungenau. Alle erreichen Sie nie.)

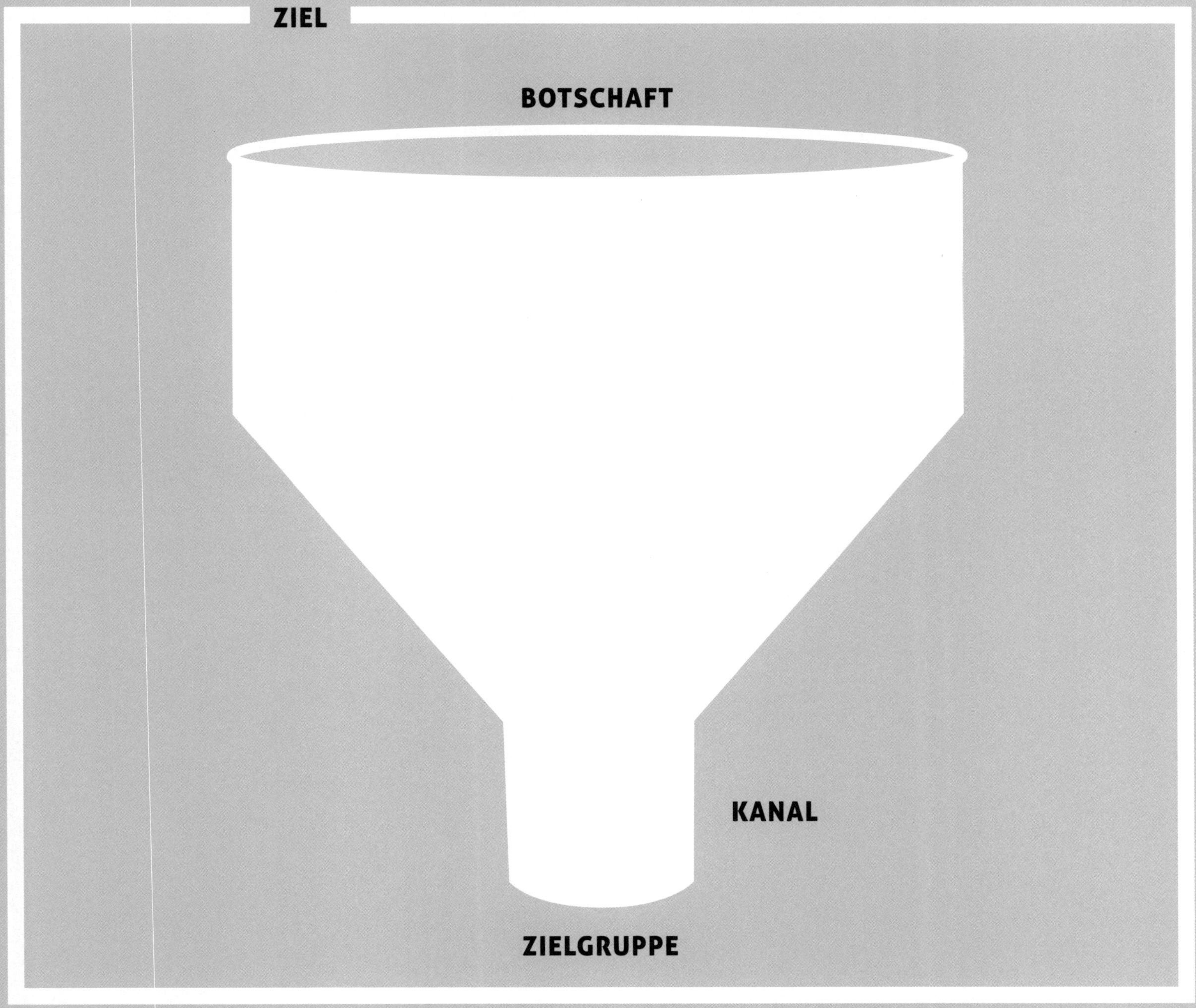
ZIEL
BOTSCHAFT
KANAL
ZIELGRUPPE

Das Hauptmodell

DIE STORYWURZEL

Erzählen Sie Geschichten in Form einer mathematischen Wurzel: Ein Kunde hat ein Problem, das das Unternehmen für ihn löst und ihm damit sein Leben verbessert.

DIE BESTANDTEILE EINER FUNKTIONIERENDEN GESCHICHTE

Die Storywurzel gründet auf der Erkenntnis aus Joseph Campbells Monomythos und Christopher Voglers Heldenreise (siehe Kapitel Storytelling). Sie ist die Reduktion auf eine vierstufige Reise mit einem Anfang und einem Endpunkt und einer klaren Steigerung über die Reise.

Das Bild ergibt die Form einer mathematische Wurzel, die der Protagonist von links nach rechts durchläuft. Das Ende seiner Reise liegt durch den gewonnenen Nutzen höher als der Startpunkt.

Der Protagonist steigt auf der Höhe des Status quo ein, hat ein Dilemma, das ihn runterzieht, und beginnt dank einem Mentor mit dem Aufstieg. Er endet auf einer höheren Ebene, als er eingestiegen ist. Auf der Elixierstufe.

Eine funktionierende Geschichte besteht demnach minimal aus:

- Protagonist
- Dilemma
- Mentor
- Elixier

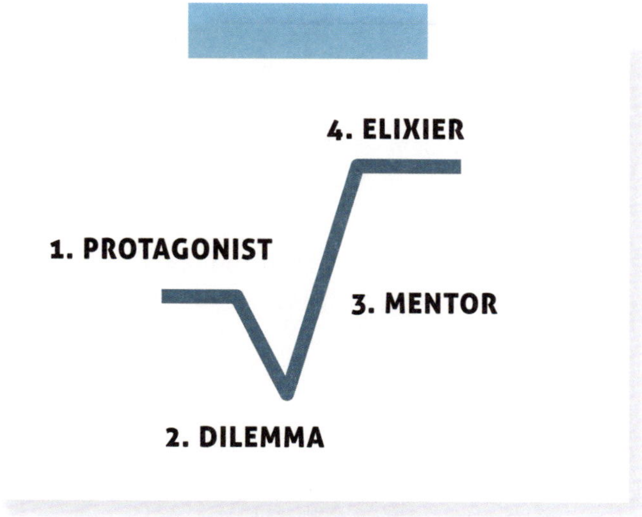

STORYWURZEL ZU MARKETINGZWECKEN

Wie würden Sie nun in einer Marketinggeschichte den Protagonisten, den Mentor, das Dilemma und das Elixier besetzen? Sind Sie als Unternehmen der Held oder das Elixier? Oder doch der Mentor?

In einer guten Marketinggeschichte sind die Rollen wie folgt vergeben:

- Der Protagonist, der die Heldenreise durchläuft, sollte nicht das Unternehmen, sondern der Kunde sein. Er erfährt im Verlauf der Geschichte eine Entwicklung und kehrt mit dem sein Leben verbessernden Elixier zurück.
- Das Dilemma ist sein Problem. Das, was ihn stört oder daran hindert, das zu sein, was er sein möchte.
- Beim Mentor kommen die Marke, das Unternehmen, die Dienstleistung oder das Produkt ins Spiel: Diese müssen in der Lage sein, das Problem des Kunden zu lösen.
- Am Ende bleibt der Gewinn – der Nutzen, der das Leben des Kunden verbessert.

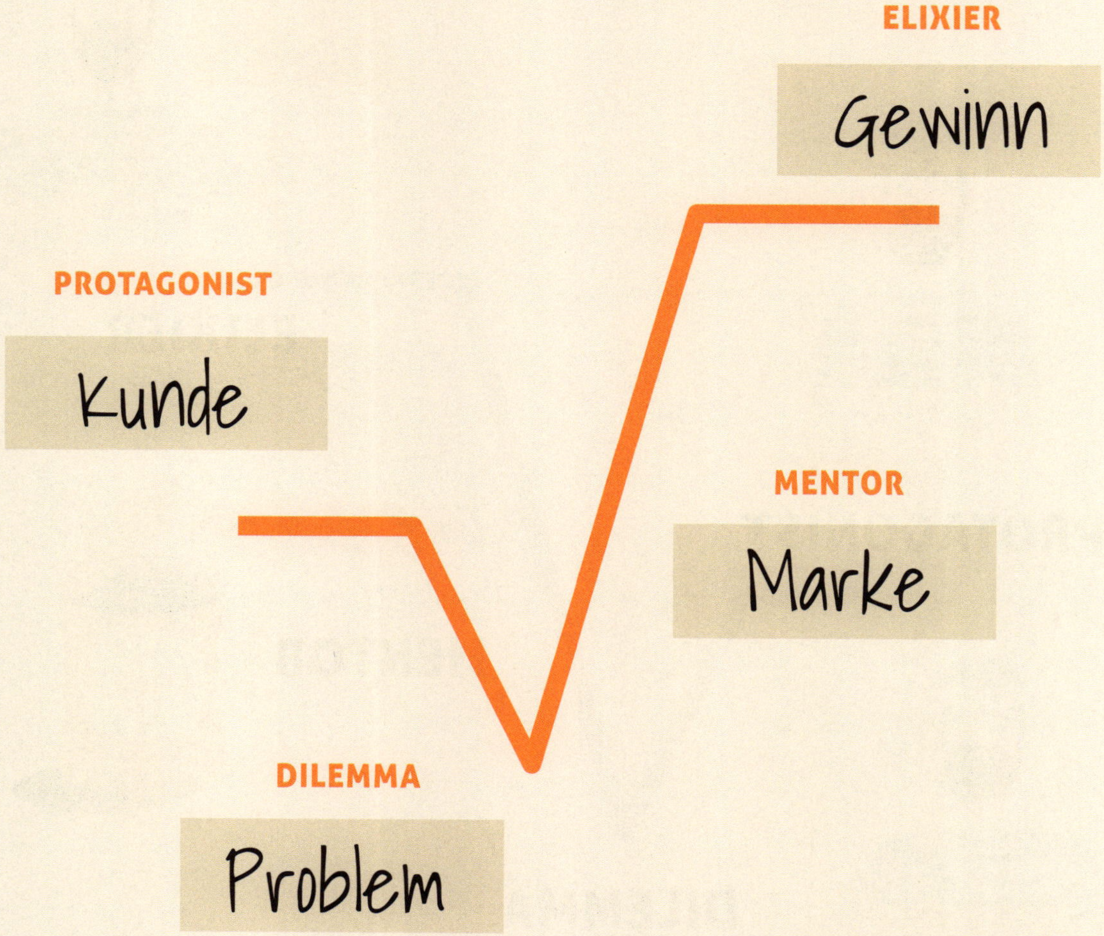
ELIXIER
Gewinn
PROTAGONIST
Kunde
MENTOR
Marke
DILEMMA
Problem

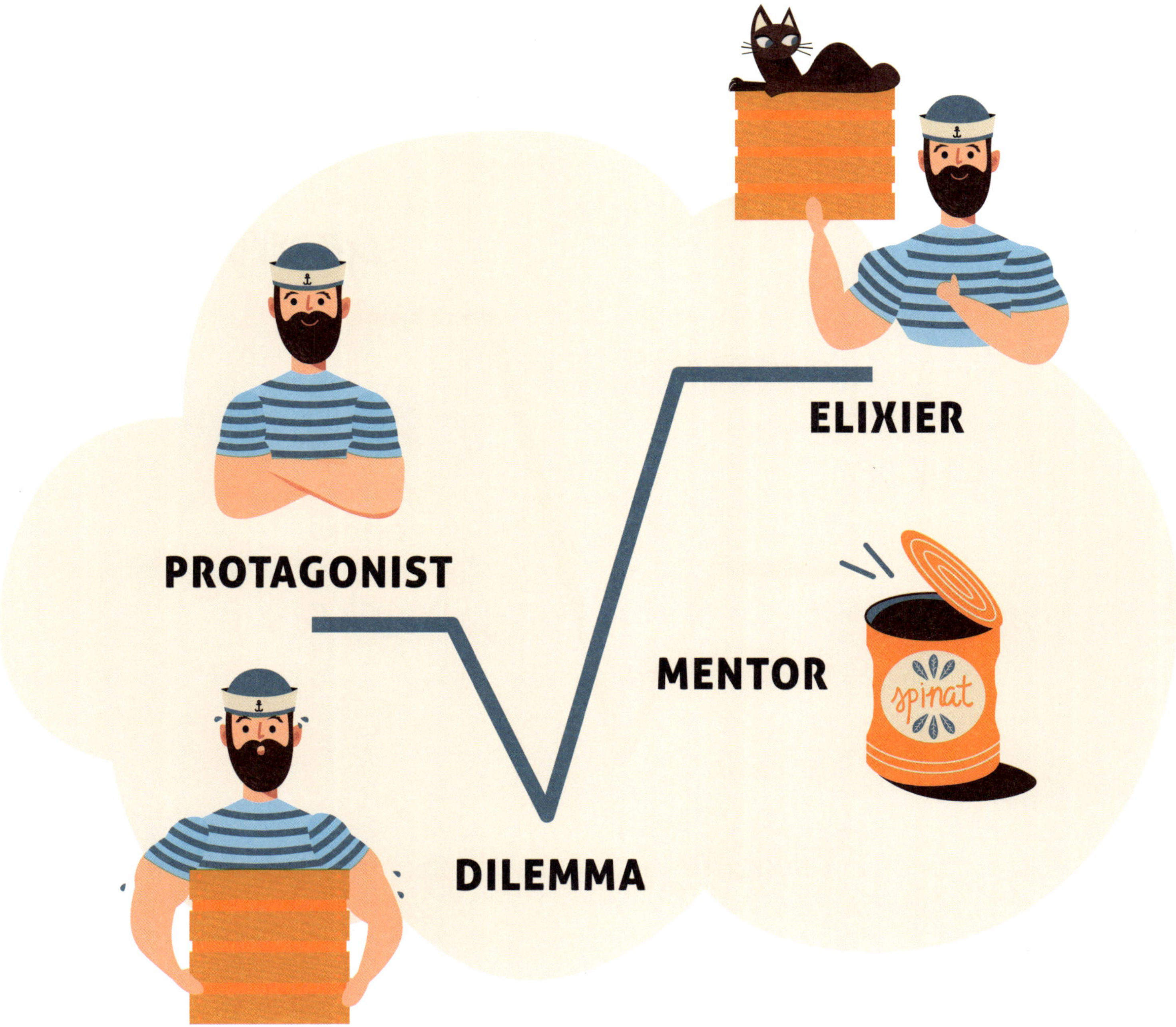
ELIXIER
PROTAGONIST
MENTOR
spinat
DILEMMA

BEISPIEL: DIE STÄRKE VON SPINAT

Der sympathische Matrose Popeye hat ein Problem: Er ist zu schwach, um seine geliebte Olivia vor dem bulligen Widersacher Bonzo zu retten. Doch eine Dose Spinat gibt ihm die Kraft, um Olivia zu befreien und ihre Liebe zu gewinnen.

Nach diesem immer selben Schema schaffte es der Spinat vertilgende Matrose in die Herzen der Comicliebhaber. Das Produkt, das als Mentor fungiert, positioniert sich bis heute mit einem klaren Alleinstellungsmerkmal im Denken: Spinat macht stark.

Denn wer hat nicht schon einmal zu einem Kind gesagt: »Iss Spinat, damit du stark wirst.«

Die stark machende Fähigkeit (der Eisengehalt) von Spinat ist übrigens bei Weitem nicht so hoch wie lange angenommen.

Doch die Denke hält sich, wohl auch dank Popeye, hartnäckig.

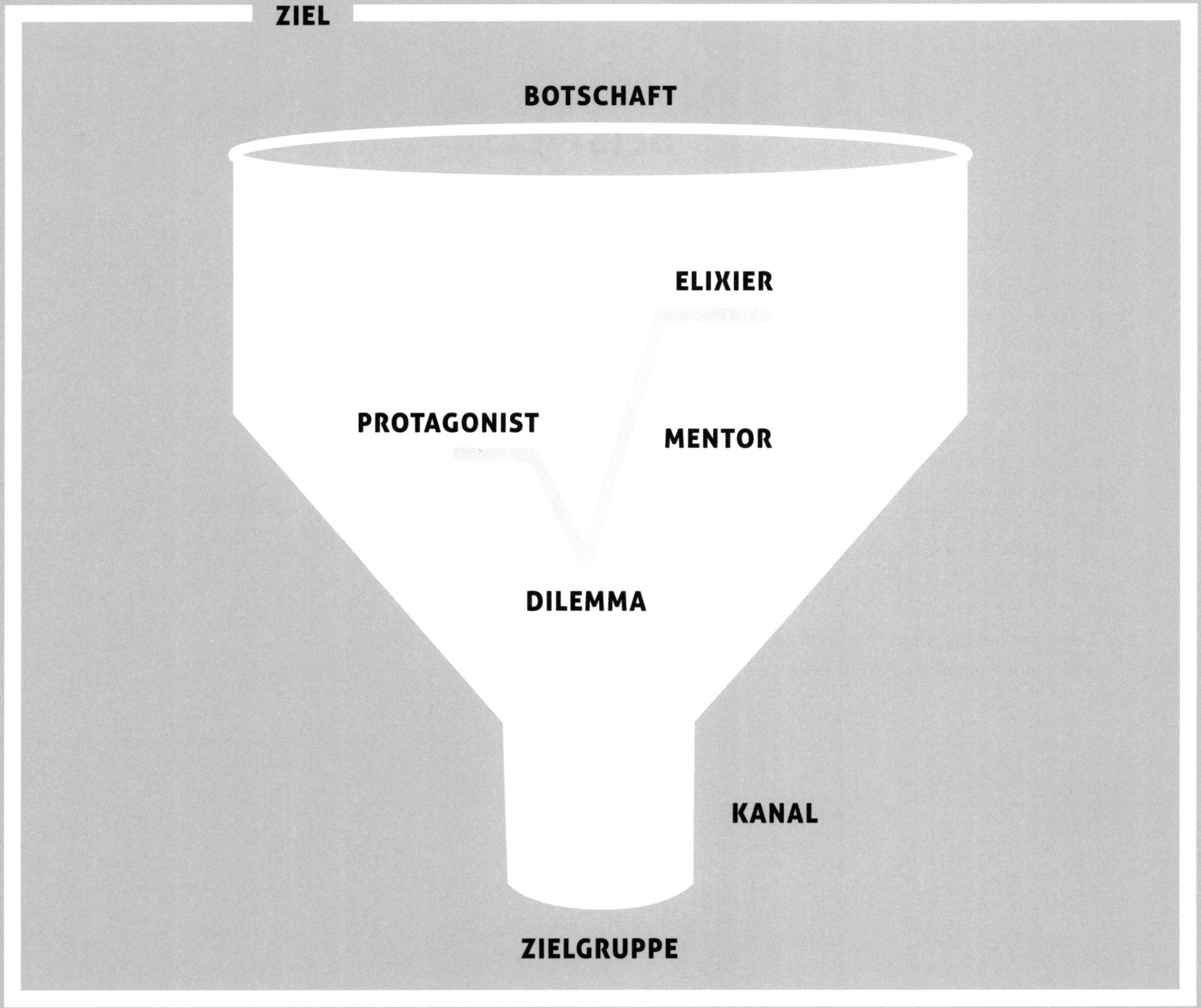
ZIEL
BOTSCHAFT
ELIXIER
PROTAGONIST
MENTOR
DILEMMA
KANAL
ZIELGRUPPE

Die Canvas besteht aus der Kombination von Storytrichter und Storywurzel.

Darin enthalten sind alle Elemente der einzelnen Modelle:

- Ziel,
- Botschaft,
- Kanal,
- Zielgruppe

aus dem Storytrichter
und

- Protagonist,
- Dilemma,
- Mentor,
- Elixier

aus der Storywurzel.

Denken Sie bei der Arbeit mit der Canvas an das grafische Modell. Allenfalls hilft es Ihnen, die Herkunft der Fragen einzuordnen.

Die Canvas kombiniert die Elemente der Planung und der Entwicklung von Geschichten. Sie hilft Ihnen so, alle Faktoren zu berücksichtigen und bringt diese in einen übersichtlichen und erinnerbaren Rahmen.

Das Arbeitsmodell

STORYTELLING-CANVAS

Erarbeiten Sie Geschichten auf der Canvas.
Sie hilft Ihnen beim Planen und Umsetzen der Geschichte.

Die Storytelling-Canvas ist auf das Seitenverhältnis der DIN A-Reihe im Querformat optimiert. Sie besteht im Wesentlichen aus acht beschreibbaren Feldern. Über die gesamte Breite erstrecken sich vier gleich große, schmale Felder; oben sind das Ziel und die Botschaft und unten der Kanal und die Zielgruppe aufgeführt. Diese entstammen dem Modell Storytrichter und klären den Rahmen der Kommunikationsmaßnahme.

Mittig auf der Canvas zwischen Botschaft und Kanal laufen über die gesamte Breite vier Felder. Diese sind jeweils zum nächstgelegenen Feld hin etwas angespitzt, sodass ein visueller Fluss von links nach rechts entsteht. Dieser Mittelstreifen ist höher als die anderen vier Felder. Er beginnt links mit dem Protagonisten, es folgen Dilemma, Mentor und Elixier. Jedes Feld ist angeschrieben und entstammt dem Modell der Storywurzel.

Weitere leere Arbeitsseiten finden Sie unter:
*https://*brandtelling.ch/buch/downloads

STORYTELLING-CANVAS

ZIEL

BOTSCHAFT

PROTAGONIST

DILEMMA

MENTOR

ELIXIER

KANAL

ZIELGRUPPE

MITNEHMEN AUS DEM KAPITEL TOOLBOX

- Erarbeiten Sie Geschichten auf der Canvas. Sie hilft Ihnen beim Planen und Umsetzen der Geschichte.
- Ein Unternehmen kann als Baum verstanden werden: Der Stamm verbindet mit der »Stammgeschichte« die externe (die Krone) mit der internen Kommunikation (die Wurzeln).
- Gute Geschichten sind relevant, glaubwürdig, eigenständig und emotional. Dies sind auch die Prüfkriterien beim Entwickeln von Geschichten.
- Die Planung einer Geschichte beginnt mit den Fragen nach: Ziel, Botschaft, Kanal, Zielgruppe.
- Die Heldenreise lässt sich zu Marketingzwecken wie folgt kürzen: Ein Protagonist (Kunde) hat ein Dilemma (Problem). Dieses löst ihm der Mentor (Unternehmen) und verbessert dadurch sein Leben (Elixier).

Tipp

Denken Sie bei der Entwicklung von Geschichten an die Storywurzel, sie wird Ihnen künftig ein visueller Leitfaden sein.

ANWEN

DUNG

DIE ARBEIT MIT DER CANVAS

Das Entwickeln von Geschichten ist ein kreativer Prozess. Die Arbeit an der Canvas soll daher in erster Linie Spaß machen und dadurch viel Raum für Kreativität lassen. Es ist lohnenswert, die Räumlichkeiten des Unternehmens zu verlassen und einen kreativen Rückzugsort aufzusuchen. Lassen Sie die Arbeiten einen Tag ruhen und gehen Sie mit frischem Elan und prüfendem Auge zu einem späteren Zeitpunkt nochmals über die ersten Resultate.

Das Ausfüllen kann einzeln oder in einer Gruppe erfolgen. Achten Sie bei der Zusammenstellung der Gruppe auf ein heterogenes Team. Durchmischen Sie Arbeitsteams, Altersgruppen, Geschlecht, Hierarchien. Auch Externe oder Kunden können bei der Erarbeitung einer Geschichte wertvolle Inputs liefern.

Bei der Arbeit an der Canvas ist es hilfreich, nicht direkt in die Canvas zu schreiben, sondern Gedanken zuerst auf eine Haftnotiz zu notieren. Die Sammlung mittels Haftnotizen hat zudem drei weitere Vorteile:

1. Sie stellt sicher, dass in größeren Gruppen kein dominantes oder hierarchisch höher gestelltes Mitglied die anderen Mitarbeitenden beeinflusst. Diese Kreativtechnik nennt sich Brainwriting und hat aus vorher genannten Gründen Vorteile gegenüber dem gemeinhin bekannten Brainstorming.

2. Die Ideen können nach Wichtigkeit gegliedert und thematisch geclustert werden.

3. Die Canvas bleibt als Grundlage bestehen und die Hürde ist weniger groß, eine Idee zu platzieren.

Diese Art der Vorgehensweise setzt allerdings voraus, dass die Canvas in entsprechender Größe vorliegt. Ein Ausdruck auf mindestens DIN A3-Format ist dabei hilfreich. Mehr Platz bietet eine noch größere Canvas. Diese kann aufgrund der Einfachheit auch auf beschreibbare Wände, Fensterscheiben oder ein großes Stück Stoff gezeichnet werden.

Die Reihenfolge des Ausfüllens ist vollkommen frei. Die Erfahrung zeigt jedoch, dass einzelne Felder am Anfang einfacher auszufüllen sind. Auf den folgenden Seiten wird daher nach dieser Reihenfolge gearbeitet.

In spinach we trust!
Creative thinking
spinat
YES
best idea
1. Love
2. Peace
3. Spinach
best brand with good values

SCHRITT 1:
DAS ZIEL

Die Arbeit mit der Canvas beginnt im obersten Feld. Es beschreibt den wünschenswerten Zustand nach der Maßnahme. Es erläutert, was die Geschichte bewirken soll.

Folgende Fragen können bei der Arbeit am Ziel hilfreich sein:

+ Welches Gefühl soll die Maßnahme bei der Zielgruppe auslösen?
+ Welches Verhalten soll die Geschichte bei den Kunden auslösen?
+ Welches ist das Ziel der Maßnahme?
+ Was soll die Geschichte bewirken?

Dabei ist vor allem die erste Frage nach dem Zielgefühl aufschlussreich, da im Regelfall unter Ziel etwas Quantifizierbares verstanden wird. Diese Frage lässt die Zieldefinition von einer anderen, qualitativen Seite betrachten.

Tipp

Hilfreich kann es sein, sich zur Beantwortung in die Denkweise des Kunden zu versetzen. Es ist das Beginnen mit einem anzustrebenden Endresultat und entspricht damit einem Design-Thinking-Ansatz (mehr dazu im Anhang auf S. 206). Dabei geht es darum, Lösungen zu finden, die aus Nutzerperspektive und damit Kundenperspektive überzeugend sind.

SCHRITT 1

ZIEL			
BOTSCHAFT			
PROTAGONIST	**DILEMMA**	**MENTOR**	**ELIXIER**
KANAL			
ZIELGRUPPE			

SCHRITT 2: DIE ZIELGRUPPE

Es folgt die Arbeit im untersten Feld und damit mit den Menschen, die man erreichen will: die Zielgruppe beziehungsweise die Personen, an die sich die Botschaft wendet.

Folgende Fragen können für die Evaluation der Zielgruppe förderlich sein:

- Wer soll mit der Maßnahme erreicht werden?
- Braucht es eine demografische Eingrenzung?
- Allenfalls hilft zur Abgrenzung auch die Frage: Wen soll die Maßnahme nicht erreichen?

Je präziser die Zielgruppe eingegrenzt wird, desto einfacher ist es, sie zu erreichen. Dabei kann es hilfreich sein, mit der Persona-Methode zu arbeiten und sich, wie es viele Unternehmen tun, konkrete Personas auszudenken.

Persona

Bei dieser Methode wird die Zielgruppe nicht umschrieben, sondern eine fiktive Person kreiert, welche die Gruppe als Ganzes repräsentiert (mehr dazu im Anhang auf S. 207).

Dabei werden möglichst viele Attribute definiert:

Wie heißt die Person, ist sie männlich oder weiblich, wie alt ist sie, welches sind ihre Interessen, wo arbeitet sie, in welcher Position, wo genießt sie ihre Ferien und was fährt sie für ein Automodell und so weiter.

Diese Methode hilft, ein genaues Bild der Zielgruppe zu erhalten, das für alle Mitarbeitenden verständlich ist.

SCHRITT 2

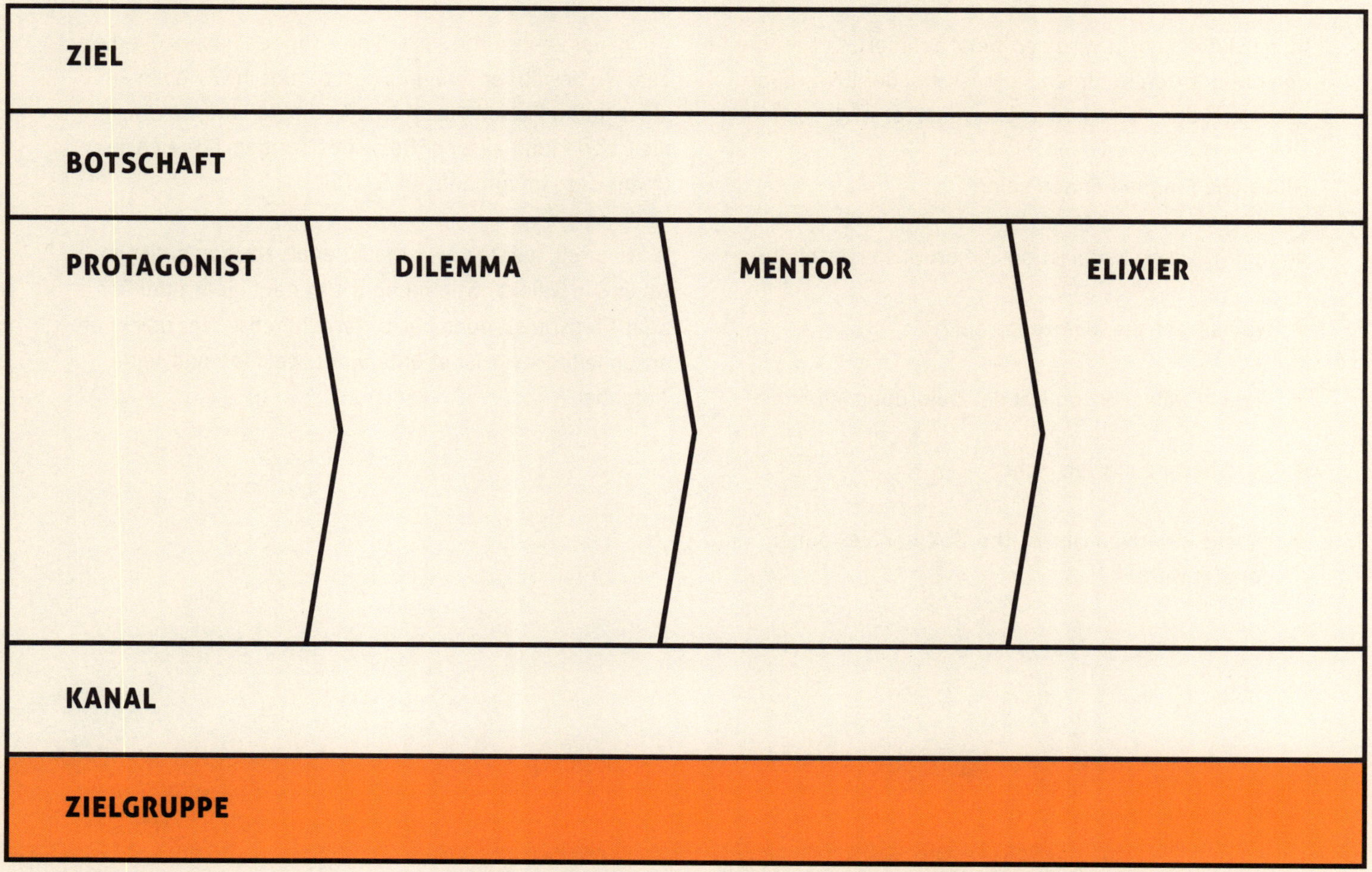
ZIEL
BOTSCHAFT
PROTAGONIST
DILEMMA
MENTOR
ELIXIER
KANAL
ZIELGRUPPE

SCHRITT 3: DER KANAL

Im nächsten Schritt wird der Kanal definiert. Er beschreibt den präferierten Kommunikationskanal der Zielgruppe und damit den Ort, an dem sie erreichbar ist.

Hilfreiche Fragen können sein:

- Über welchen Kanal ist die Zielgruppe erreichbar?
- Wo hält sich die Zielgruppe auf?
- Wo und wann konsumiert die Zielgruppe Inhalte?
- Zur Abgrenzung: Wo nicht?
- Welche kreativen Out-of-the-Box-Kanäle können genutzt werden?

Auch hier ist es nötig, sich in den Kunden hineinzuversetzen: Wo bewegt er sich, was beschäftigt ihn? Neben einer guten Persona kann eine Customer Journey, also die Überlegung zu einer Reise des Kunden, hilfreich sein (mehr dazu im Anhang auf S. 208).

Wo beginnt sein Tag, was macht er als Nächstes, wann, wo und in welcher Stimmung trifft er auf die Produkte oder Dienstleistungen des Unternehmens? Was macht er anschließend, wie ist er unterwegs, welches sind seine Aufgaben?

SCHRITT 3

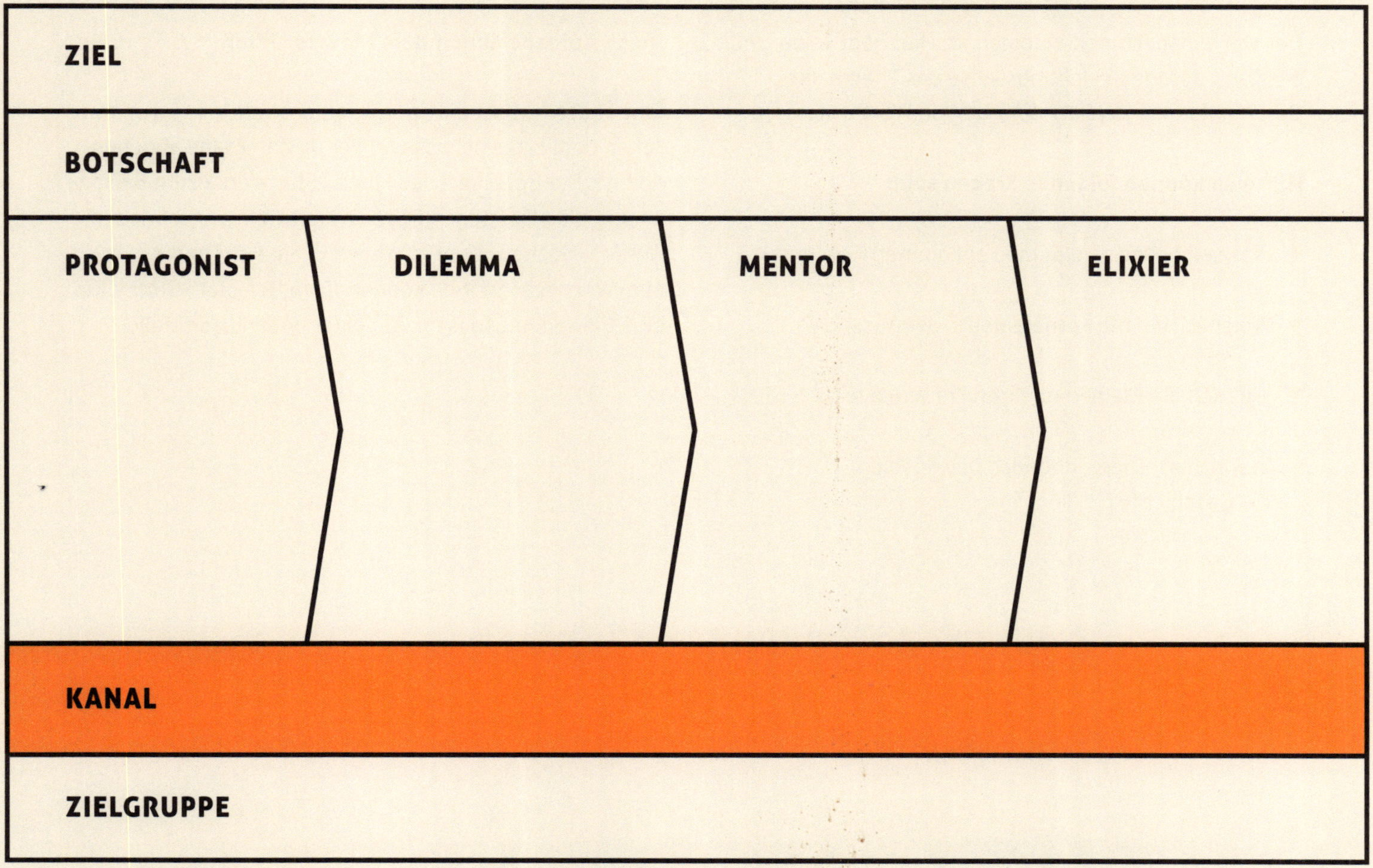
ZIEL
BOTSCHAFT
PROTAGONIST
DILEMMA
MENTOR
ELIXIER
KANAL
ZIELGRUPPE

SCHRITT 4: DIE BOTSCHAFT

Der vierte Aspekt ist die Botschaft. Hier geht es darum, die Kernaussage beziehungsweise das Thema der Geschichte in einen Satz oder gar ein Wort zu fassen.

Hilfreich können folgende Fragen sein:

+ Was soll bei der Zielperson ankommen?
+ Welches sind die Kernelemente der Aussage?
+ Was soll die Zielperson ihren Freunden erzählen?
+ In welchem Themenbereich bewegt sich die Geschichte?

Diese Aufgabe ähnelt dem Elevator Pitch:

Eine Präsentation, die so kurz ist, dass sie im Aufzug zwischen dem Erdgeschoss und der dritten Etage abgehandelt ist. Die Botschaft des Films »Star Wars« zum Beispiel könnte als »Gut gegen Böse im Weltraum« beschrieben werden. Noch schöner ist es, wenn Sie das Thema in einem Wort beschreiben können. Zum Beispiel »Stolz« für eine Einweihungsgeschichte einer neuen Lagerhalle.

SCHRITT 4

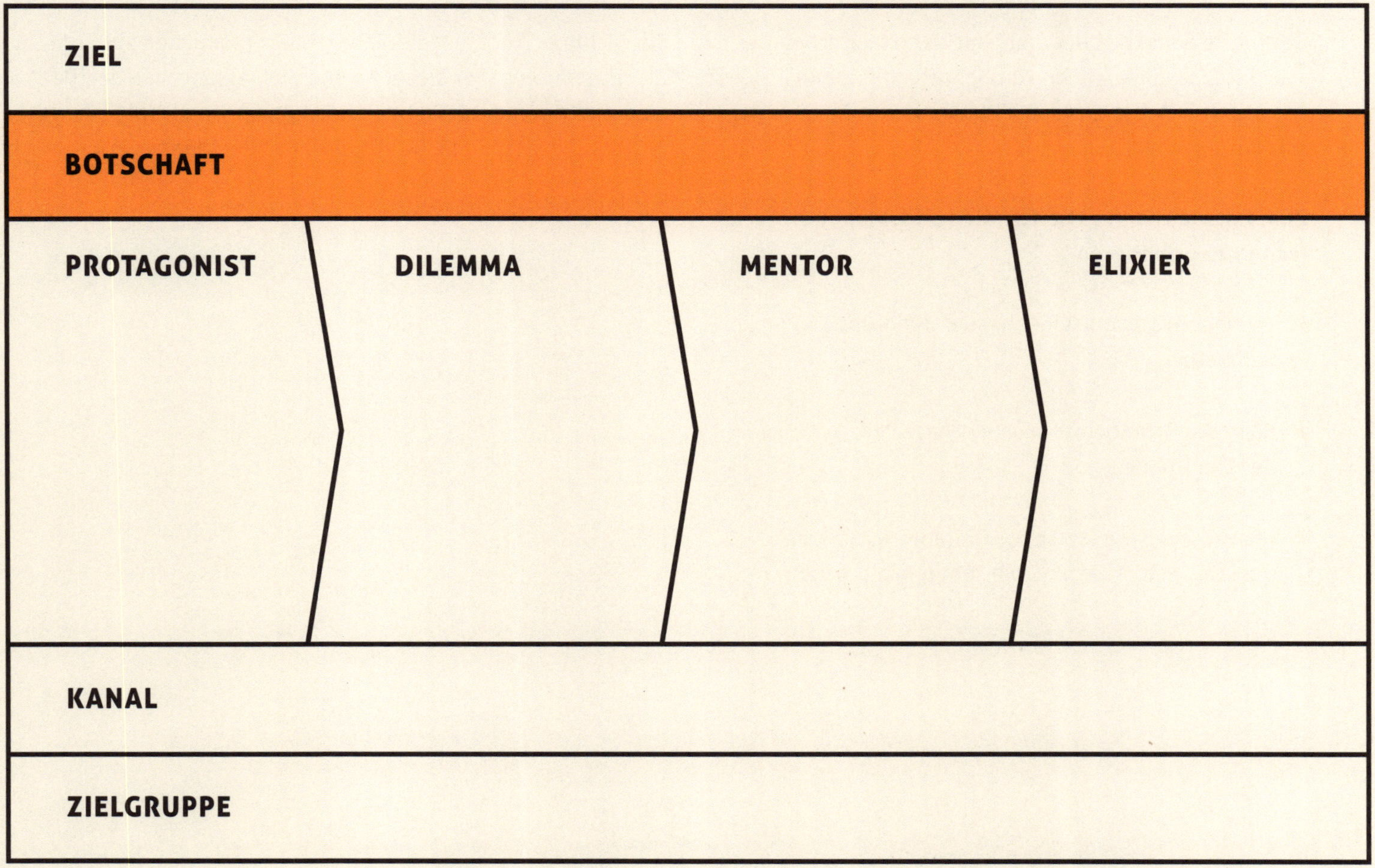
ZIEL
BOTSCHAFT
PROTAGONIST
DILEMMA
MENTOR
ELIXIER
KANAL
ZIELGRUPPE

SCHRITT 5: DER PROTAGONIST

Der fünfte Schritt ist der erste aus der eigentlichen Geschichte. Die kommenden vier Schritte entstammen somit der Storywurzel. In diesem Feld geht es um die Definition des Protagonisten.

Zum Entwurf kann es helfen, sich an folgenden Fragen zu orientieren:

- Welcher Protagonist löst bei der Zielgruppe Sympathie aus?
- Kann der Protagonist auch ein Vertreter der Zielgruppe sein?
- Wie muss die Person sein, wofür interessiert sie sich, was macht sie aus, wie kommuniziert sie?

Ein wichtiger Punkt ist die Nähe des Protagonisten zur Zielgruppe. Je näher dieser an den Zielpersonen ist, desto höher wird der Identifikationsgrad mit der Geschichte sein. Auch hier hilft die Orientierung an Personas.

SCHRITT 5

ZIEL

BOTSCHAFT

PROTAGONIST

DILEMMA

MENTOR

ELIXIER

KANAL

ZIELGRUPPE

SCHRITT 6: DAS DILEMMA

In diesem Schritt wird das Dilemma eruiert. Es beschreibt das Problem, das der Protagonist hat.

Leitende Fragen können sein:

- Woran stört sich der Protagonist?
- Welche Probleme sind für ihn relevant?
- Was hindert ihn daran, in seinem Leben weiterzukommen?
- Welche Tatsache oder was steht seinem Glück im Weg?

Bei dieser Übung hilft es, sich in den Protagonisten hineinzuversetzen. Wie sieht sein Alltag aus, wo liegen offensichtliche, wo weniger offensichtliche Stolpersteine?

Bei der Findung des Dilemmas kann die Customer Journey (dabei wird eruiert wo, wann und wie Kunden Kontaktpunkte mit der Marke haben), aber auch das Value Proposition Design (bei dem Kundenprobleme den Lösungen der Marke gegenübergestellt werden) hilfreich sein (mehr dazu im Anhang auf S. 209).

SCHRITT 6

ZIEL

BOTSCHAFT

PROTAGONIST	DILEMMA	MENTOR	ELIXIER

KANAL

ZIELGRUPPE

SCHRITT 7: DER MENTOR

Schritt sieben ist zentral für Marketinggeschichten. Es geht um die Findung des Mentors. Der Mentor ist die Marke, Dienstleistung, das Produkt oder eine Person, die das Dilemma lösen und Erlösung bringen kann.

Folgende Fragen können zum Entwurf dienlich sein:

- Welche Marke, welche Dienstleistung, welches Produkt löst das Problem des Protagonisten?
- Welcher Teil daran ist hilfreich?
- Wer oder was ist der Sinn- und Nutzenstifter?
- Kann der Mentor personifiziert werden?
- Wie löst er / sie / es das Problem?
- Welches ist das differenzierende Alleinstellungsmerkmal?

Hier lohnt es sich, den Teil des Produkts beziehungsweise der Dienstleistung zu untersuchen, der Probleme löst. Welches ist das Alleinstellungsmerkmal der Marke respektive des Produktes? Die Definition sollte so konkret wie möglich ausfallen. Was ist es, das dem Protagonisten Zusatznutzen bringt?

Auch hier können Ansätze aus dem Value Proposition Design (Welches sind die Problemlöser des Unternehmens, das die Probleme der Kunden lösen kann?) und des Design Thinkings (An welchen Stellen antizipieren Sie die Kontaktpunkte mit den Kunden und sind ihren offenen Fragen mit Antworten voraus?) nützlich sein.

SCHRITT 7

ZIEL			
BOTSCHAFT			
PROTAGONIST	**DILEMMA**	**MENTOR**	**ELIXIER**
KANAL			
ZIELGRUPPE			

SCHRITT 8:
DAS ELIXIER

Das letzte Feld auf der Canvas beschäftigt sich mit dem Elixier. Das Elixier beschreibt das Element oder das Gefühl, welches das Leben des Protagonisten nachhaltig verbessert (nicht das Produkt).

Fragen können sein:

+ Was bereitet dem Protagonisten Freude und verbessert sein Leben?
+ Wonach strebt der Protagonist?
+ Welches Elixier hat hohe Relevanz für sein Leben?

Welche Verbesserungen und welcher Nutzen sind für das Leben des Protagonisten zentral? Die Resultate sollten von hoher Wichtigkeit für ihn sein.

Bei der Beantwortung können die Gewinne aus dem Value Proposition Design hilfreich sein.

SCHRITT 8

<table>
<tr><td colspan="4">ZIEL</td></tr>
<tr><td colspan="4">BOTSCHAFT</td></tr>
<tr><td>PROTAGONIST</td><td>DILEMMA</td><td>MENTOR</td><td>ELIXIER</td></tr>
<tr><td colspan="4">KANAL</td></tr>
<tr><td colspan="4">ZIELGRUPPE</td></tr>
</table>

SCHRITT 9: CHECKLISTE

Wie anfänglich erwähnt, ergeben sich nach der Bearbeitung der acht Schritte unter Umständen mehrere Antworten pro Feld. Nun gilt es, diese zu bewerten und zu entscheiden, welches die beste Geschichte ist.

Vier Zutaten machen eine Geschichte gut:

+ eine hohe **Relevanz** für die Zielgruppe
+ eine hohe **Glaubwürdigkeit** (ohne funktioniert keine Marketinggeschichte)
+ **Emotionen** (je mehr, umso besser)
+ **Differenzierung** (je größer, umso einzigartiger ist die Geschichte)

Alle Kriterien funktionieren dabei nicht strikt nach einem Entweder-oder-Schema. Alle Ausprägungen können stärker oder weniger stark vorhanden sein.

Ein Fehlen von Relevanz oder Glaubwürdigkeit führt allerdings leicht zur totalen Ablehnung einer Geschichte; eine fehlende Relevanz zeigt, dass die Zielgruppe nicht richtig erkannt wurde. Emotionen und Differenzierung sind grundlegend. Es lohnt sich daher, die emotionalste und speziellste Geschichte auszuwählen. Menschen wollen Emotionen sehen und sie fühlen sich von einzigartigen und neuen Darreichungsformen angezogen.

SCHRITT 10: TESTEN

Das Ziel jeder Geschichte ist, bei der Zielgruppe anzukommen. Daher sollte sie vor der definitiven Produktion überprüft werden, und zwar am besten direkt an der Zielgruppe. Geschäftsleitungen und Marketingabteilungen haben andere Interessen und Präferenzen als die Zielpersonen; jedoch sollte das Profil der Zielpersonen maßgeblich sein. Denn der Wurm sollte dem Fisch und nicht dem Angler schmecken.

Testen kann schnell teuer werden, wenn es am fertigen Produkt gemacht wird. Denn bis dahin haben Sie im schlechtesten Fall einen wirkungslosen Film oder eine nicht differenzierende Plakatkampagne aufgebaut. Testen Sie daher so früh wie möglich am unfertigen Prototypen. Entscheidend ist aber, dass sich Ihr Publikum vorstellen kann, wie das Endresultat aussehen wird. Testen Sie an so vielen Menschen wie möglich. Alles im Rahmen des Budgets. Bei einer kleinen Kampagne reichen eine Handvoll Testpersonen. Zeigen Sie ein Video nur einmal, lassen Sie eine Plakatkampagne, ein Foto, eine Rede et cetera nur kurz auf die ausgewählte Gruppe wirken und befragen Sie sie dann. Im gewünschten Fall kommt die Botschaft bereits beim ersten Sehen an.

Lassen Sie alle Meinungen gelten und versuchen Sie widersprüchlichen Resultaten nachzugehen. Haben Sie die Zielgruppen zu wenig geclustert? Müssen Sie zwei verschiedene Botschaften wählen? Sind Marke und Call to action erkennbar? Ist die Kampagne glaubwürdig? All das sind Fragen, auf die ein guter Test Auskunft gibt. Testen Sie genügend, bevor Sie Geld für eine weiterführende Marketingmaßnahme ausgeben.

DIE WICHTIGKEIT DES TESTENS

Einer der exklusivsten Automobilhersteller der Welt beauftragte eine große Werbeagentur mit der Produktion eines Werbespots. Für die Premiere des sehr teuren Spots versammelte das Unternehmen seine Salespersonen in der Produktionsstätte. Die Erwartungen an den 30-sekündigen Werbespot waren groß. Und die Enttäuschung nachdem Abspielen des Videos noch größer. Die Verkaufsabteilung gab dem Spot ausnahmslos schlechteste Noten.

Weshalb hat der Kurzfilm trotzdem funktioniert und die beauftragte Werbeagentur konnte ihren Etat für die kommenden Jahre behalten?

Das Verkaufspersonal gehört nicht zur Zielgruppe.
Sie können sich den exklusiven Wagen nicht leisten und fühlen sich daher von der Botschaft, den Bildern, der Musik und der Machart des Spots nicht angesprochen. Die beabsichtigte Zielgruppe dafür sehr – und darum geht es. Der Film, die Rede, die Präsentation müssen nicht dem CEO des Unternehmens gefallen, sondern der definierten Zielgruppe. Testen Sie daher in erster Linie bei ihr.

MITNEHMEN AUS DEM KAPITEL ARBEIT MIT DER CANVAS

- Die Arbeit an der Canvas soll Spaß machen und kreatives Arbeiten ermöglichen.
- Wählen Sie heterogene Workshopteilnehmer aus.
- Geben Sie der Arbeit zeitlich Raum.
- Arbeiten Sie mit Haftnotizen und machen Sie Brainwriting.
- Wählen Sie die Reihenfolge nach dem Lustprinzip. Außer folgender Regel: zuerst die Kästchen aus dem Storytrichter (Ziel, Botschaft, Kanal, Zielgruppe) und dann diejenigen der Storywurzel (Protagonist, Dilemma, Mentor, Elixier).
- Grenzen Sie die Zielgruppe möglichst genau ein und prüfen Sie diese auf ihre Klarheit.
- Hinterfragen Sie, prüfen Sie, verwerfen Sie. Kreativität benötigt Iteration.
- Wenden Sie die Checkliste an.
- Testen Sie die Geschichte in einem frühen Entwurfsstadium an Ihrer Zielgruppe. Ist die Botschaft klar, kommt das Alleinstellungsmerkmal des Unternehmens zur Geltung?

BEIS

PIELE

100%
UNIQUE
FAME
BRAND LOVE

Bisher haben Sie gelernt, wie Sie eine Geschichte nach einem einfachen Schema aufbauen können. Nun wollen wir erfolgreiche Geschichten kennenlernen und schauen, wie sie sich in die Canvas einfügen. Die gewählten Beispiele stammen aus verschiedenen Branchen und Ländern.

Ich zeige Ihnen Firmen, die sich in der internen und externen Kommunikation nicht mehr mit abstrakten Statistiken begnügen wie »wir haben die Produktionskosten um 23 % gesenkt«, sondern diese in eine Geschichte verpacken. Denn mit dem Wissen, warum es wichtig war, die Kosten zu senken, wer die neue Produktion entwickelt hat und wie sie es getan haben, werden Fakten und der Erfolg, den die Maßnahme auslöste, real und einprägsam.

Wichtig ist, dass Sie sich von der Vorstellung verabschieden, dass Storytelling immer eine gesprochene Geschichte oder ein Video sein muss. Eine Geschichte lässt sich genauso gut in einem einzigen Bild erzählen.

DER STORYTELLING-PROFI AUS DER KINDHEIT

STORYTELLING IM KINDERTHEATER

Bevor wir aber nationale und internationale Unternehmen unter die Lupe nehmen, will ich Sie zurück in Ihre Kindheit führen. Erinnern Sie sich an die Kasperletheater? An ihnen erfreuen sich Kinder im deutschsprachigen Raum bereits seit Ende des 18 Jahrhunderts.

Wie beginnt der Kasper jedes Stück? Er tritt vor den Vorhang und fragt die Anwesenden: »Seid ihr alle da? Ja? Ja wirklich? Die Großen und die Kleinen? Die Dicken und die Dünnen? Gut, dann spitzt mal schön eure Ohren und passt gut auf, denn jetzt wird es nämlich interessant.« Und bevor er mit der Handlung beginnt, führt er ein: »In diesem Stück spielen mit: Mein Freund Sepp, meine Großmutter, die Prinzessin, der Wachtmeister und ein böser Räuber.«

Der Kasper stellt zu Beginn sicher, dass er seine Zielgruppe – die er genau kennt – auch erreicht. Zudem versichert er sich, dass diese aktiv zuhört und er mit seinem Stück auf Relevanz stößt. Anschließend etabliert er die gewohnte Welt seiner Geschichte.

Erst dann öffnet sich der Vorhang und die Handlung beginnt:

+ Der Kasper in seiner gewohnten Umgebung
+ wird von einer Person aus seinem Umfeld auf ein drohendes Problem aufmerksam gemacht.
+ Dieses löst er mit seiner frechen Art und mithilfe eines Mentors (zum Beispiel mit dem Wachtmeister, der ihm Tipps gibt).
+ Am Ende kommt Kasper zurück in seine gewohnte Umgebung und hat sich das Lob von allen Mitspielenden und den Applaus des Publikums verdient.

911
WE ARE RIGHT THERE
HELP

DIE SUPER-BOWL-WERBUNG VON VERIZON

POSITIONIERUNG ALS VERLÄSSLICHSTES MOBILFUNKNETZ

Verizon ist einer der größten US-amerikanischen Mobilfunkanbieter. Zum 53. Super Bowl (American Football Finale) am 3. Februar 2019, dem jährlich größten Sportanlass der Welt, produzieren sie folgenden einminütigen TV-Spot (die Kosten eines 30-sekündigen Werbespots beliefen sich 2020 auf ca. 5,6 Millionen US-Dollar):

Ein großer, muskulöser Mann stellt sich in einer Feuerwehrgarage Rettungs- und Notfallteams vor. Mit bestimmter Stimme beginnt er: »Hallo zusammen. Mein Name ist Anthony Lynn. 2005 war ich Opfer eines schrecklichen Autounfalls. Ich wurde mit 80 km/h angefahren. Und ich sage euch, ich wäre nicht hier ohne die Arbeit der Rettungsteams.« Es folgt eine weiße Tafel mit der Aufschrift: »Wir haben Coach Lynn eingeladen, um vor Rettungskräften zu sprechen.« Lynn fährt fort: »Man hat mir erzählt, dass ich fast 15 Meter durch die Luft geflogen sei. Der Arzt sagte mir: Du kannst von Glück reden, dass du noch lebst.« Eine weitere Tafel verkündet: »Auch eingeladen waren jene, die ihm das Leben gerettet haben.«

Nun die Kehrtwende: Zwei Polizisten treten hervor und stellen sich mit Namen vor: »Wir waren die Ersten an der Unfallstelle.« Es folgt eine Frau in Feuerwehrmontur, die ihren Namen nennt und lächelnd sagt: »Coach, ich war an jenem Abend im ersten Feuerwehr-Rettungswagen für Sie zuständig«; gefolgt von Schweigen, das von Musik untermalt ist. Unter Tränen sagt der Coach: »Ich habe oft daran gedacht, wer an jenem Abend alles aufgekreuzt ist. Ich hätte nie damit gerechnet, alle zu treffen, das ist unglaublich. Man sagte mir immer, Engel seien mit mir gereist. Ich glaube, ihr seid Engel.« Man sieht den Coach, wie er weinend seine Retter umarmt. Die weiße Tafel verkündet: »Rettungsteams nehmen den Anruf entgegen. Unser Job ist es, dafür zu sorgen, dass der Anruf ankommt.« Und über den Dank von Coach Lynn erscheint die letzte Tafel mit dem Verizon-Logo und verkündet »Amerikas verlässlichstes Netz.«

Video unter:
https://brandtelling.ch/buch/beispiele/#verizon

Super Bowl TV-Spot von Verizon
Verizon, 2019. Quelle: youtube.com.

Die wesentlichen Elemente der Geschichte lassen sich wie folgt zusammenfassen: Der NFL-Coach Anthony Lynn kämpft nach einem Autounfall um sein Leben. Der einzige Grund, weshalb er heute noch lebt, ist das sofortige Zur-Stelle-Sein der Rettungsdienste.

Auf die Storytelling-Canvas übertragen, sieht die Geschichte wie folgt aus:

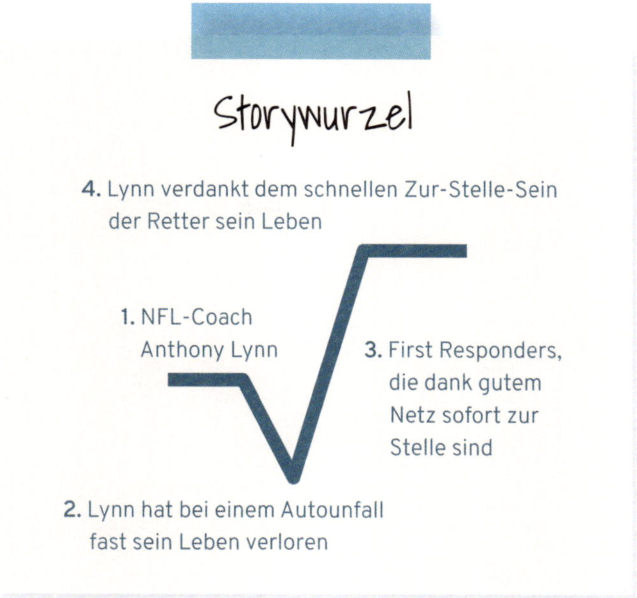

Der Protagonist, ein ehemaliger NFL-Coach, hätte für eine Super-Bowl-Werbung nicht besser gewählt werden können. Die Bekanntheit und Relevanz bei den TV-Zuschauern des Super Bowl ist sehr hoch. Dilemma und Elixier regen starke Emotionen an: Drehen sie sich doch beide um das Leben selbst. Als Mentor fungieren die Rettungsteams mit dem unsichtbaren, aber wesentlichen Helfer in Form von Verizon.

Die Geschichte besteht alle vier Prüfebenen:

- Die Relevanz der Geschichte ist für Super-Bowl-Fans durch den bekannten Coach hoch.
- Die Glaubwürdigkeit ist gegeben, da die Geschichte durch die Rettungskräfte bestätigt wird.
- Die Emotionen sind hoch; kämpft doch der beliebte Coach um seinem Leben.
- Auch die Differenzierung ist durch die ungewöhnliche Verbindung von Netzbetreiber und Rettungsteams gegeben. Kein Mitbewerber in Nordamerika wird diese Berufsgruppe in seiner Werbung in Zukunft für sich in Anspruch nehmen können.

Spannend ist auch die Fortsetzung der Geschichte auf weiteren Kanälen. Verizon widmet den Rettungsteams unter allourthanks.com (unser ganzer Dank) eine eigene Website (siehe Abbildung nebenan). Auf dieser stellen sie ein ganzes Football-Team zusammen, dessen Spieler ohne die Arbeit von Rettungsteams heute nicht hier wären. Zwei Tage nach dem Super Bowl veröffentlichen sie auf dem amerikanischen Sportsender CBS eine Dokumentation von Regisseur Peter Berg zu diesem Thema.

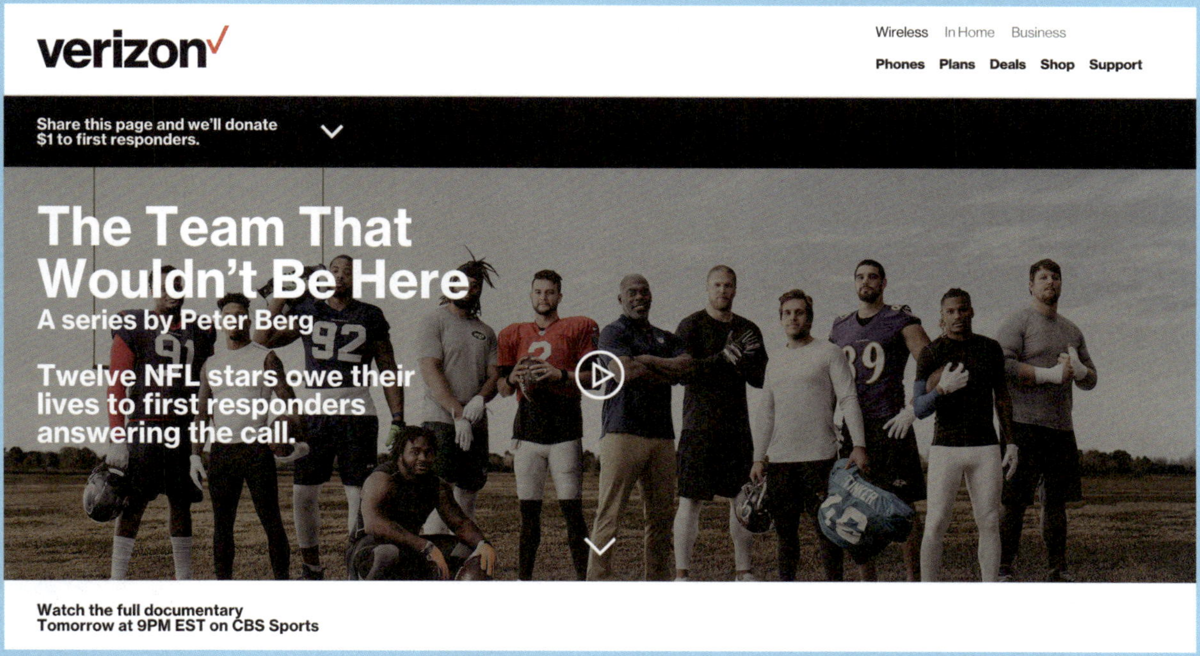

allourthanks.com (Kampagnenseite nicht mehr online.)
Verizon, 2019. Quelle: verizon.com.

verizon.com
Verizon, 2019. Quelle: verizon.com.

Die Geschichte findet auf der Website des Unternehmens eine Fortsetzung. Auf einer Unterseite können Mitglieder von Rettungsteams Abonnements und Smartphones zu vergünstigten Konditionen kaufen (siehe Abbildung nebenan). Ein weiterer Beweis für die glaubwürdige Verbindung des Unternehmens mit den Rettungskräften.

Verizon schafft sich damit durch gutes, stringentes und über alle Kanäle gleich erzähltes Storytelling eine klar definierte Zielgruppe, die in den USA für Verlässlichkeit und Heldentum steht. Mit diesen Attributen möchte jedes Mobilfunkunternehmen in Verbindung gebracht werden.

Der US-amerikanische Telekommunikationskonzern versteht es zudem, diese Stammgeschichte des verlässlichsten Mobilfunknetzes über mehrere Jahre überzeugend zu inszenieren.

Während der COVID-19-Pandemie macht das Unternehmen in einem 30-sekündigen Video die eigenen Mitarbeitenden zu Mentoren, indem es ihnen für ihre wichtige Arbeit dankt. Denn »in einer Zeit, in der das Land gezwungen ist, getrennt zu bleiben, helfen sie uns, zusammenzukommen«.

Damit macht Verizon die eigene Belegschaft zu unentbehrlichen Helfern in einer außerordentlichen Zeit. Das Unternehmen zeigt damit, wie sehr es sich um seine Mitarbeitenden kümmert und schafft es, die Kernaussage des verlässlichsten Netzwerks auf sympathische Weise zu vermitteln.

DAS EINHORN DOLLAR SHAVE CLUB

SHAVE TIME, SHAVE MONEY

Dollar Shave Club ist ein amerikanisches Unternehmen, das Nassrasierer und Bartpflegeprodukte per Post im Abonnement an Kunden versendet. Gegründet wird es 2011 von Mark Levine und Michael Dubin, die sich auf einer Party kennenlernen und sich über den Frust über zu teure Rasierklingen unterhalten. Dollar Shave Club bietet drei Abonnement-Pläne, die jederzeit herauf- oder herabgestuft werden können. Der Service wird im März 2012 durch ein eigens produziertes YouTube-Video angepriesen. Dieses wird zum viralen Hit und beschert dem Unternehmen innerhalb von 48 Stunden 12 000 Bestellungen. Vier Jahre später kauft Unilever den Dollar Shave Club für eine Milliarde Dollar. Das Unternehmen wird so zu einem Einhorn, einem Start-up-Unternehmen mit einer Marktbewertung von über einer Milliarde US-Dollar.

Den Startschuss bietet das eineinhalb Minuten lange Video mit folgender Geschichte: Gründer Michael Dubin sitzt in Hemd und lose gebundener Krawatte am Schreibtisch eines Büros. Er spricht direkt in die Kamera: »Hallo, ich bin Mike, Gründer von DollarShaveClub.com. Was ist DollarShaveClub.com? Für einen Dollar pro Monat senden wir qualitativ hochwertige Rasierer direkt zu dir nach Hause.« Die Kamera zoomt in eine weitwinkligere Einstellung. Mike steht auf, geht auf die Kamera zu: »Ja, ein Dollar! Sind die Klingen überhaupt gut?« Und während er aus dem Büro tritt, meint er: »Nein. Unsere Klingen sind verdammt gut.« Das Kraftwort wird durch einen Piepton unkenntlich gemacht.

Mike zeigt an der Außenwand des Büros auf ein Plakat mit der Aufschrift: »Our Blades Are Fing Great«.**

Dollar Shave Club YouTube-Video
Dollar Shave Club, 2012. Quelle: youtube.com.

In der nächsten Szene durchbricht er einen Türdurchgang, der mit orangefarbenem Seidenpapier zugeklebt ist. »Jeder Rasierer hat rostfreie Stahlklingen, einen Aloe-Vera-Feuchtigkeitsstreifen und einen Schwenkkopf. Er ist so sanft, dass ein Kleinkind ihn benutzen könnte.« Während er dies sagt, passiert er auf seinem Weg durch die Versandhalle einen Mann, der auf einem Stuhl sitzt und im Buch »The Lean Startup« liest. Hinter ihm sitzt ein Kleinkind auf einem Kartonschachtel-Stapel, das ihn am eingeschäumten Kopf rasiert.

»Willst du wirklich 20 Dollar pro Monat für Markenrasierer ausgeben? 19 davon gehen an Roger Federer.« Von der Seite fliegt ein Tennis-Racket ins Bild, das er lässig fängt. Den Ball, der von derselben Seite einfliegt, verfehlt er allerdings kläglich. Trotzdem meint er: »Ich spiele auch gut Tennis.«

Mit einem Sprung setzt er sich auf die Gabel eines Staplers, der ihn rückwärts fahrend durch die Halle bringt. »Glaubst du wirklich, dein Rasierer braucht einen vibrierenden Griff, eine Taschenlampe, einen Rückenkratzer und zehn Klingen? Dein gut aussehender Großvater hatte eine Klinge – und Polio.« Während er an einem Schwarz-Weiß-Bild des Großvaters vorbeifährt und die Kamera darauf stehen bleibt, meint er: »Du siehst gut aus, Opa.«

Die nächste Einstellung bringt ihn an einer Paket-Packstation vorbei: »Hör auf, für Rasiertechnik zu bezahlen, die du nicht brauchst. Und hör auf, jeden Monat den Klingenkauf zu vergessen. Alejandro und ich werden sie dir zusenden.« Gemeinsam mit dem jungen Mann namens Alejandro klebt er ein Paket zu und wirft es in Richtung eines Menschen in Bärenkostüm. Dieser lässt das Paket allerdings fallen und zeigt trotzdem mit dem Daumen nach oben.

In der nächsten Szene sitzt er mit Alejandro auf einem kleinen Wagen. Beide tragen eine alte Eisenbahnmütze. »Wir verkaufen nicht nur Rasierer, wir schaffen auch neue Jobs. Alejandro, was hast du letzten Monat getan?« Alejandro antwortet: »Nicht gearbeitet.« – »Was tust du jetzt?« – »Arbeiten.« Mike fasst zusammen: »Ich bin kein Verkäufer, aber dieser Zug macht whoo whoo.«

In der letzten Szene geht Mike auf schulterhohen Paketstapeln auf die Kamera zu. »Also hör auf, jeden Monat den Klingenkauf zu vergessen, und überlege dir, wo du die Dollarnoten stapelst, die ich dir einspare.« Mit einem Satz springt er von den Paketen und dreht sich um 90°. »Wir sind *DollarShaveClub.com* und die Party kann beginnen.« Im Hintergrund wird eine amerikanische Flagge heruntergelassen, Musik setzt ein. Der Bär und Alejandro tanzen, während Mike mit einem Laubbläser Dollarnoten in die Luft und Richtung Kamera bläst (siehe Abbildung auf der folgenden Seite).

Das Video trägt den Titel »Our Blades Are Fing Great«. Es verzeichnet im August 2020 fast 27 Millionen Aufrufe.**

Video unter:
https://brandtelling.ch/buch/beispiele/#dollarshaveclub

Dollar Shave Club YouTube-Video
Dollar Shave Club, 2012. Quelle: youtube.com.

Die Geschichte basiert auf folgendem Aufbau: Mike steht stellvertretend für den Kunden. Dieser hat das Problem, dass Nassrasierer teuer sind und der Kauf oft vergessen wird. Das Klingenabonnement von Dollar Shave Club schafft dem Abhilfe, indem es günstige Klingen im Abo an den Kunden liefert, damit dieser Geld und Zeit spart.

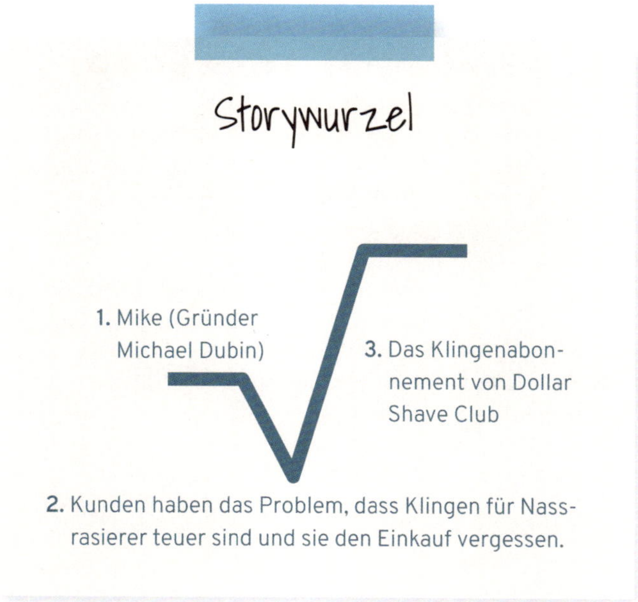

Die Prüfung auf Relevanz, Glaubwürdigkeit, Emotionen und Differenzierung ergibt Folgendes:

+ Die Relevanz der Geschichte ist für Menschen, die sich nass rasieren, gegeben. Diese Gruppe macht zum Beispiel in Deutschland den Löwenanteil der Rasierenden aus.

+ Es handelt sich um eine Gründergeschichte: Mike spricht von seiner Firma, die Probleme von Rasierenden löst. Die Glaubwürdigkeit ist daher gegeben.

+ Die Emotionen sind durch die witzige Machart des Videos gegeben. Zuschauer fühlen sich unterhalten und dürfen sich an vielen kleinen Anspielungen erfreuen.

+ Die Differenzierung ist durch die ironische Darbietung gegeben. Nach Dollar Shave Club folgten einige junge Unternehmen dieser Art der ironischen Eigendarstellung. Das texanische Unternehmen Poo-Pourri zum Beispiel erreicht (bis August 2020) mit dem Video »Girls Don't Poop« über 43 Mio. Aufrufe. Darin wird ihr WC-Spray auf progressive Art angepriesen.

Dollar Shave Club, 2015.
Quelle: adsoftheworld.com.

Dollar Shave Club, 2015.
Quelle: twitter.com.

Werbung / Social Media
Dollar Shave Club versteht es, diese Geschichte vom Claim »Shave Time. Shave Money« über Printkampagnen (siehe Abb. links) bis zu Social Media Posts (Abb. rechts) stringent zu erzählen und mit einer Story in Erinnerung zu bleiben.

DIE VORSORGE-KAMPAGNE DER UBS

ÄLTER WERDEN FÄNGT FRÜHER AN, ALS MAN MEINT.

Das UBS-Beispiel überzeugt durch Einfachheit und Kürze. Das Video kommt ohne gesprochenen Kommentar oder Originalton aus und bedient sich lediglich fünf Kameraeinstellungen. Die 27-sekündige Werbung wurde 2016 mit einem Schweizer Effie-Award (Auszeichnung der Schweizer Kommunikations- und Werbebranche) ausgezeichnet.

Die Geschichte zeigt sich wie folgt: Ein Mann sitzt an einem Computer, hinter ihm sieht man durch Fensterscheiben in ein Wohnquartier. Er tippt auf der Tastatur etwas ein und lächelt zufrieden. Die Kameraeinstellung wechselt auf eine Über-Schulter-Einstellung. Man sieht auf den Computerbildschirm: Der Mann befindet sich auf einer Buchungsplattform für Hotels. Die nächste Einstellung zeigt den Monitor noch näher: Der Mann erstellt sein Profil; seinen Namen Peter Hartmann, den Geburtstag und -monat hat er bereits eingegeben. Es fehlt das Geburtsjahr. Auf seinen Klick öffnet sich eine Liste mit möglichen Geburtsjahren, in der er zu seinem Jahr scrollen möchte.

Die nächste Einstellung zeigt den Mann wieder von vorne, wie er scrollt und scrollt und scrollt. Die Kamera fährt auf den immer verzweifelter wirkenden Mann zu. Nach einigen Sekunden und mehreren Kameraeinstellungen der Maus hört das Scrollen auf und er bestätigt sein Geburtsjahr mit einem Klick; begleitet von einem entnervten Gesichtsausdruck. Der Text »Älter werden fängt früher an, als man meint«, blendet ein. Auf einer weißen Tafel folgt: *»Jetzt ubs.com/vorsorge«* und mit einem hörbaren Klick erscheint auf einer neuen Tafel das Logo der UBS.

Video unter:
https://brandtelling.ch/buch/beispiele/#ubs

UBS Vorsorge-Kampagne
UBS, 2015. Quelle: youtube.com.

STORYWURZEL UND CHECKLISTE

Die Geschichte basiert auf folgendem Aufbau: Der fiktive Ferienbucher Peter Hartmann bucht in seiner privaten Umgebung ein Hotelzimmer am Computer. Bei der Eingabe des Alters ergibt sich für ihn allerdings die Problematik, dass sich sein Jahrgang in einer Liste sehr weit unten befindet. Dadurch wird er unweigerlich an sein fortschreitendes Alter erinnert. Die Großbank UBS steht alternden Kunden mit Produkten zur Seite.

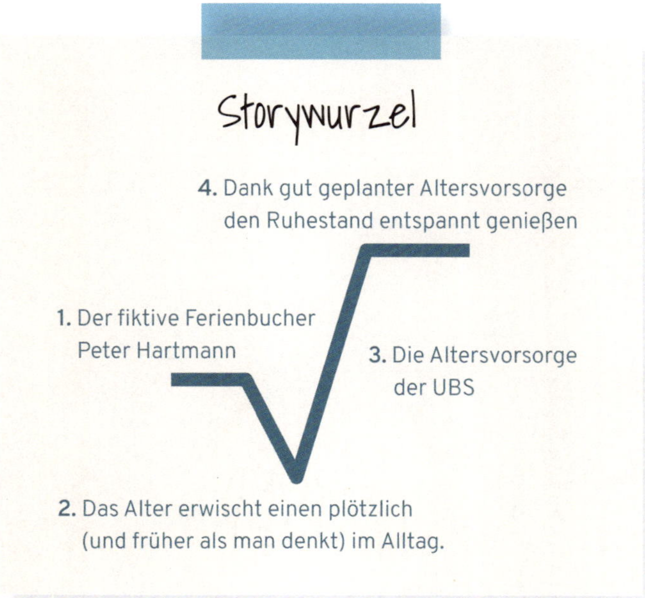

Die Geschichte wird auf Relevanz, Glaubwürdigkeit, Emotionen und Differenzierung geprüft:

- Die Geschichte ist für die Zielgruppe der Altersvorsorge der UBS (Menschen in etwas fortgeschrittenem Alter) relevant.
- Die fiktive Geschichte hat Glaubwürdigkeit durch ein nicht übertriebenes Szenario.
- Die Geschichte berührt die Zielgruppe emotional. Unter Umständen kennt sie die Situation aus eigener Erfahrung und kann sich so mit dem Protagonisten identifizieren.
- Die Differenzierung ist durch die witzige Inszenierung eines seriösen Bankproduktes gegeben.

Die UBS positioniert sich durch die humorvoll erzählte Geschichte als gut gelaunter Partner an der Seite von Menschen, die sich Gedanken über ihr Alter machen. Das Produkt wird augenzwinkernd angepriesen, sodass die anonyme Großbank sympathisch wirkt.

%
BLACK
FRIDAY
REI
SALE
CLOSED

BLACK FRIDAY BEIM SPORTARTIKELHÄNDLER REI

WIE EIN BRIEF GESCHICHTE SCHREIBT

Erinnern Sie sich an die Geschichte des Sportartikel- und Outdoor-Händlers REI aus der Einleitung?

Das Unternehmen schließt am umsatzstärksten Verkaufstag des Jahres, dem Black Friday, seine Türen und generiert damit 2,7 Milliarden Medienaufrufe in 24 Stunden. Auslöser war ein einfacher Brief des CEO, mit dem Rat, den freien Tag in der Natur zu verbringen.

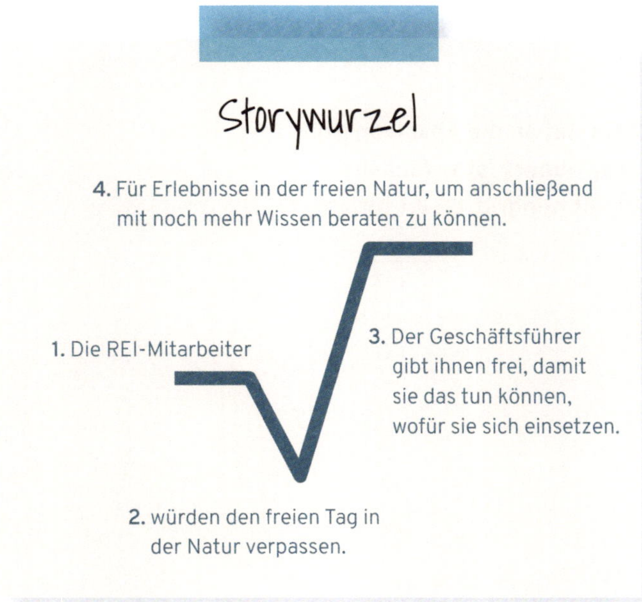

Auch die Checkliste ist erfüllt:

- Die Glaubwürdigkeit ist hoch. Die Läden sind geschlossen, an der Tür hängt der Brief des CEO.
- Die Relevanz der Geschichte ist bei den natur- und outdoorverbundenen Kunden hoch.
- Emotional trifft die Geschichte ins Schwarze: Auf Umsatz verzichten, um den Mitarbeitern freizugeben. Das löst hohe Sympathie aus.
- Die Geschichte ist bis dahin wohl einzigartig und differenziert REI daher bestens von den mitbewerbenden Sportartikelhändlern.

Video unter:
https://brandtelling.ch/buch/beispiele/#rei

STEVE JOBS' STANFORD ABSOLVENTENREDE

MOTIVATION DURCH EINE PERSÖNLICHE REDE

Der Apple-Gründer Steve Jobs war bekannt für seine gut aufgebauten und minutiös geprobten Produktpräsentationen. Er war daher auch als öffentlicher Redner sehr beliebt. Die wohl bekannteste Rede hielt er im Juni 2005 vor Absolventen der renommierten Stanford-Universität unweit des Silicon Valley. In der Rede geht er auf drei Dinge ein: seine Adoption, den Rauswurf bei Apple und das Leben selbst. Selten hörte man Jobs so persönlich über sein Leben sprechen. Vielleicht lag es daran, dass er kurz zuvor eine erfolgreiche Krebstherapie durchlief und die tödliche Krankheit bis auf Weiteres abwenden konnte.

Jobs erzählt, wie er zusammen mit Steve Wozniak Apple in 10 Jahren zu einem Zwei-Milliarden-Dollar-Unternehmen aufbaute. Während er seinen Traum lebt, wird ihm im Alter von 30 Jahren jäh gekündigt. Dies vom eigens eingestellten CEO. Damit verliert er sein Ziel, ist am Boden zerstört und weiß nicht mehr weiter. Um der Scham der öffentlichen Demütigung zu entgehen, will er sogar aus der Gegend wegziehen.

Doch mit der Kündigung weicht der Erfolgsdruck der Leichtigkeit des Neuanfangs. Jobs schöpft wieder Energie. Mit dieser Leichtigkeit gründet er das Unternehmen Next, das Animationsfilm-Studio Pixar und verliebt sich in seine spätere Ehefrau Laurene.

Das Leben belohnt ihn fünf Jahre später: Pixar landet mit dem ersten Animationsfilm »Toy Story« einen Großerfolg, Next wird von Apple gekauft und stellte Jobs, der mittlerweile eine Familie gegründet hat, wieder ein.

Sein Rat an die Absolventen:
Stay hungry, stay foolish –
Bleibt hungrig, bleibt töricht.

CHECKLISTE

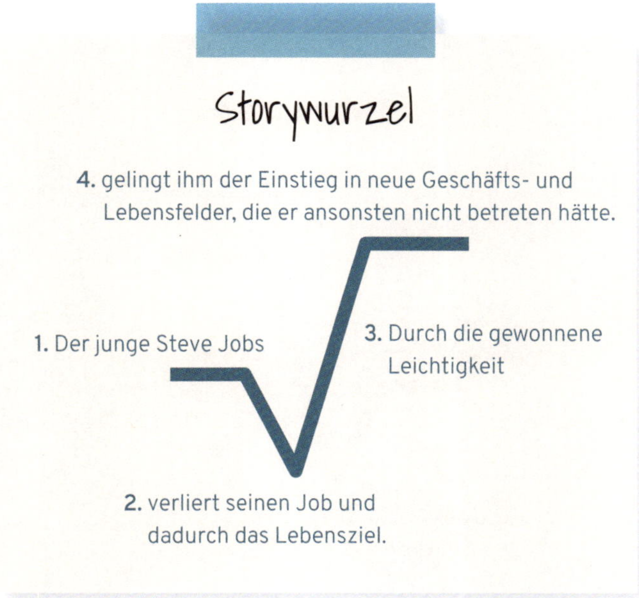

Die Glaubwürdigkeit und Emotionalität ist durch die persönliche Geschichte sehr hoch. Die Differenzierung verdient sich der Apple-Gründer durch die ungewohnte Offenheit. Für die Uni-Absolventen ist die Relevanz einer Geschichte, die von einem Abschluss und einem Neuanfang handelt, besonders hoch.

Video unter:
https://brandtelling.ch/buch/beispiele/#stanford

WORN WEAR VON PATAGONIA

AUFSEHEN DURCH ANTIWERBUNG

»Don't buy this Jacket« – »Kaufen Sie diese Jacke nicht«, wirbt oder eher rät der US-Kleiderhersteller Patagonia 2011 auf einer ganzseitigen Anzeige in der *New York Times*. Unter der Abbildung einer ihrer Jacken listen sie penibel die Gründe auf, weshalb man diese Jacke bitte nicht kaufen soll: Die Herstellung verbrauche 135 Liter Wasser und damit den Tagesbedarf von 45 Menschen. Der Transport ins Lagerhaus stoße das 24-Fache des Jackengewichts an CO_2 aus. Und weiter: »Wie bei den meisten Dingen, die wir herstellen und die Sie kaufen können, sind die Umweltkosten dieser Jacke höher als ihr Preis.«

Hat die Marketingabteilung da massiv versagt? Ganz im Gegenteil. Sie erzählen eine Geschichte – und zwar eine, die Patagonia als besonders nachhaltige Marke etabliert. Denn ihnen geht der Schutz der Umwelt über den Verkauf der eigenen Produkte. Und Kunden, die auch so denken, die denken beim nächsten Kauf an Patagonia.

Video unter:
https://brandtelling.ch/buch/beispiele/#patagonia

DON'T BUY
THIS JACKET
PATAGONIA

WIE SICH DIE GESCHICHTE DES IPHONES VERÄNDERTE

WENN GERÄTE ERWACHSEN WERDEN

Kommen wir nochmals zurück zu Steve Jobs und seinem Technologieunternehmen Apple. Erinnern Sie sich, wie er im Jahr 2007 das erste iPhone präsentiert?

Auf großer Bühne, in schwarzem Rollkragenpullover kündet er einen iPod, ein Telefon und einen Internetkommunikator an. Drei Dinge, sagt er zu Beginn. Und dann wiederholt er diese drei Begriffe, bis das versammelte Publikum begeistert klatscht und begreift, dass es sich bei diesen drei Geräten um eines handelt: um das erste iPhone der Geschichte. An diesem 9. Januar schreibt der Unternehmer erneut Geschichte: Es ist die Geburtsstunde des Smartphones, wie wir es heute nicht mehr wegdenken können, und ein Meilenstein im Erfolg von Apple.

Heute preist das Unternehmen das neueste Flaggschiff-Modell, das iPhone 11 Pro, fast ausschließlich mit dessen Kameraleistung an. Denn ein Smartphone besitzen bereits alle. Die Geräte sind selbstverständlicher Teil des Lebens geworden. Erst in kostbaren Augenblicken, wenn wir mit dem Smartphone den Moment fotografisch festhalten wollen, zeigen sich Unterschiede. Und an diese Menschen, die diesen Qualitätsunterschied feststellen, richtet sich die neue Produktgeschichte.

Das Narrativ des iPhones, wie sie Apple erzählt, hat sich über die letzte Dekade also merklich verändert:

Protagonist war anfänglich der Technologieliebhaber, der für seinen kreativen Lebensstil drei verschiedene Geräte braucht (Dilemma). (Einen iPod für die Musik; einen Computer, um im Internet zu surfen, und ein Telefon, um in Verbindung zu bleiben.) Dank Apple (Mentor) braucht er dafür nun nur noch ein Gerät und erlangt eine nie dagewesene Freiheit (Elixier).

Heute besitzt fast jede Person ein Smartphone. Apple zielt mit seinen Geräten aber immer noch auf die Kreativen (Protagonist). Diese wollen zu jeder Zeit die besten Fotos machen können (Elixier) und dazu reicht nicht irgendein Smartphone (Dilemma, die Kameras sind schlecht), sondern es soll eben das Smartphone mit der besten Kamera (Mentor) sein.

Video unter:
https://brandtelling.ch/buch/beispiele/#iphone

Steve Jobs introduces iPhone in 2007
Apple, 2007. Quelle: youtube.com.

DIE WEIHNACHTSKAMPAGNE VON EDEKA

»WIE HÄTTE ICH EUCH DENN SONST ALLE ZUSAMMENBRINGEN SOLLEN?«

Der deutsche Lebensmittelhändler Edeka ging am ersten Adventssamstag 2015 mit dem Spot »Heimkommen« viral. Der sehr emotionale Kurzfilm zeigt einen Großvater, dessen Kinder und Enkel ihm Jahr für Jahr für das gemeinsame Weihnachtsfest absagen, da sie zu beschäftigt sind. Es folgen Szenen, in denen die Kinder die Nachricht seines Todes erhalten. Als sie sich zur Trauerfeier in seinem Anwesen treffen, betritt er mit den Worten: »Wie hätte ich euch denn sonst alle zusammenbringen sollen?« das Esszimmer. Anschließend sitzt die versammelte Familie am Esstisch des Grossvaters und tafelt ausgelassen. Der Spot endet mit der Schrift: *»Zeit heimzukommen«*, gefolgt vom Edeka-Logo.

Video unter:
https://brandtelling.ch/buch/beispiele/#edeka

Das Paradebeispiel eines emotionalen Spots wurde in der ersten Woche über 30 Millionen mal angeschaut. Neben Kritik am fingierten Tod des Großvaters erntete die Werbung sehr viel Lob und fand sogar international zahlreiche Nachahmer.

Die Storywurzel zum Weihnachts-Spot

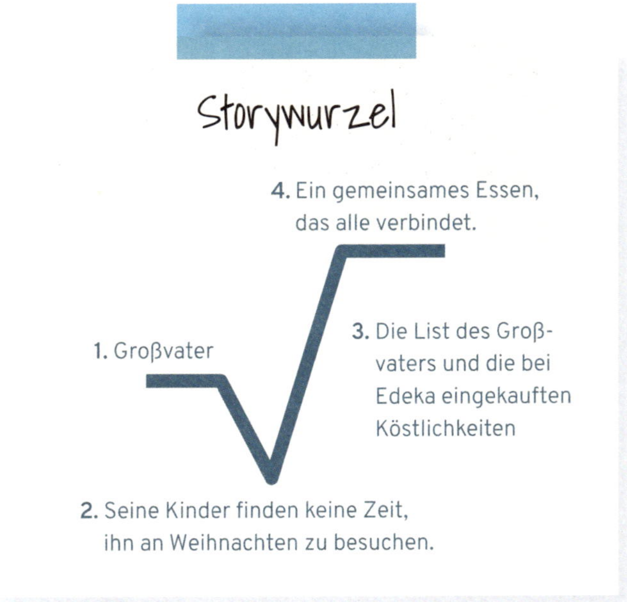

HEIMKOMMEN

EDEKA Weihnachtsclip – #heimkommen
Edeka, 2015. Quelle: youtube.com.

DIE PRÄSENZ VON RED BULL

WIE EIN ENERGYDRINK TATSÄCHLICH FLÜÜÜGEL VERLEIHT

Der österreichische Energiedrink mit den zwei Bullen hat das geschafft, was nicht viele Marken schaffen: Eine neue Produktkategorie zu erfinden, zu besetzen und seither unangefochten anzuführen. Die Kategorie der Energiedrinks.

Das Aufputschgetränk stammt ursprünglich aus Thailand, von wo es der österreichische Unternehmer Dietrich Mateschitz nach Europa importierte und die Rezeptur an die hiesigen Gaumen anpasste. Mit einem überaus geschickten Marketing wurde der Energiedrink schnell zum Liebling der Party- und Sportszene.

81 Milliarden Dosen (Stand 2019) wurden seit seiner Einführung 1987 verkauft. Das sind 10 Dosen für jeden auf der Welt lebenden Menschen. Bei dieser unvorstellbar hohen Zahl erstaunt es nicht, dass Red Bull das mit Abstand meistverkaufte Energiegetränk der Welt ist.

Video unter:
https://brandtelling.ch/buch/beispiele/#redbull

EIN SPRUNG, DER ALLE REKORDE BRICHT

»Sometimes you have to go up really high to understand how small you are. I'm going home now.« – »Manchmal muss man sehr hoch hinaufsteigen, um zu verstehen, wie klein man ist. Ich gehe jetzt nach Hause«, sagt Fallschirmspringer und Extremsportler Felix Baumgartner, bevor er aus der Stratosphäre zurück zur Erde springt. Die Kapsel, die ihn an einem Ballon in diese Höhen trägt, der Raumanzug, der Helm tragen die zwei Bullen und den Schriftzug des Unternehmens.

An diesem 14. Oktober 2012 verfolgen allein in Deutschland rund 7 Millionen Zuschauende den Sprung vor den TV-Geräten. Den Livestream auf YouTube verfolgen zu Spitzenzeiten rund acht Millionen Menschen gleichzeitig (eine Million mehr, als 2009 dem US-amerikanischen Präsidenten Barack Obama bei der Amtseinführung zuschauen).

Red Bull gelingt mit dem Stratos-Projekt das bis heute erfolgreichste Owned-Media-Projekt der Welt. Der Werbewert des Coups wird auf eine Milliarde Euro geschätzt. Das ist, verglichen mit den angegebenen Kosten von 25 Millionen Euro, ein beachtlicher Gewinn.

Beachtenswert ist vor allem, wie nahtlos die Maßnahme auf die Stammgeschichte der Marke einzahlt. Seit jeher lautet das Versprechen der Marke: »Red Bull verleiht Flüüügel.« In diesem Fall tat es die Marke tatsächlich.

GEMEINSAMKEIT DER BEISPIELE

Die Beispiele entstammen allesamt erfolgreichen Marketing- und Werbekampagnen. Sie stammen aus verschiedenen Branchen (Telekommunikation, Start-ups im Konsumgüterbereich und Finanzdienstleistung) und haben doch etwas gemeinsam: Sie erzählen eine Geschichte. Und zwar eine, die einem dramaturgischen Aufbau folgt, der mittels Storytelling-Canvas erklärt werden kann.

Alle Geschichten:

+ haben Protagonisten mit großer Nähe zur Zielgruppe.
+ haben ein Dilemma, das für die Zielgruppe relevant ist;
+ definieren als Mentor das beworbene Unternehmen;
+ führen zu einem Elixier, das Relevanz für das Leben der Zielgruppe hat;
+ sind für die Zielgruppe relevant;
+ sind glaubwürdig (auch wenn fiktiv);
+ berühren Zuschauer emotional;
+ sind differenzierte Geschichten, die man nicht schon mehrfach gesehen hat;
+ haben flankierende, weiterführende Maßnahmen, die stringent auf dieselbe Geschichte einzahlen.

PRA

XIS

JETZT SIND SIE DRAN!

Setzen Sie Ihr gewonnenes Wissen in die Tat um und werden Sie kreativ. Keine Angst, Sie können nur gewinnen.

KONKRETE TIPPS

Egal ob Sie die nächste PowerPoint-Präsentation, eine Rede vor Mitarbeitenden, eine Medienkonferenz, einen Werbefilm, ein Bewerbungsgespräch oder ein Teamfoto planen.

Gehen Sie wie folgt vor:

+ Beginnen Sie beim Unternehmensbaum. Überlegen Sie sich, welches die Stammgeschichte Ihres Unternehmens, Ihrer Marke ist. Definieren Sie, ob es sich um die Entwicklung einer Stammgeschichte, einer externen oder internen Kommunikationsmaßnahme handelt.

+ Fragen Sie sich, wie die Geschichte auf den Kern der Marke, der Unternehmung, auf die Stammgeschichte einzahlt.

+ Wechseln Sie nun zur Canvas. Was wollen Sie mit der Maßnahme erreichen?

+ Welches ist Ihre Kernbotschaft – in einem Wort, in einem Satz?

+ Wen wollen Sie erreichen? Wo konsumieren diese Menschen ihre Inhalte, welches sind deren Kanäle?

+ Machen Sie sich nun an die Geschichte. Wählen Sie Protagonist, Dilemma, Mentor und Elixier. Bauen Sie auf, verwerfen Sie. Spielen Sie mit verschiedenen Ideen.

+ Prüfen Sie am Schluss mit der Checkliste. Hat die Geschichte Relevanz? Ist sie glaubwürdig? Berührt sie emotional? Ist sie anders als das, was man bereits kennt oder die Mitbewerber bereits getan haben?

Stellen Sie sich eine Power-Point-Präsentation einer Geschäftsführerin einer Versicherung an ihre Belegschaft vor. Das Ziel ist, die Belegschaft zu motivieren und sie weiterhin zu Bestleistungen anzutreiben.

Im ersten Fall …

… übernimmt sie, wie jedes Jahr, die Zahlen und Fakten der letzten Präsentation und zeigt seitenlange Charts mit schwarzen und roten Zahlen. In der Hoffnung, dass die schwarzen Zahlen als Motivationstreiber für die Mitarbeitenden fungieren. Dann dankt sie ihrer Geschäftsleitung und lässt sich von den Angestellten von der Bühne klatschen.

Im zweiten Fall …

… betritt die Geschäftsführerin die Bühne, der Screen bleibt schwarz. Kein Räuspern, kein Klopfen ans Mikrofon. Sie stellt sich mitten auf die Bühne, schaut in die Gesichter der Mitarbeitenden und beginnt:

»Wie Sie alle wissen, existieren wir, um auszuzahlen, nicht um einzusammeln. Unsere Berechtigung besteht darin, denen zu helfen, die Probleme haben. Und ich bin stolz, Ihnen zu sagen, dass wir dieses Jahr fast 500 Menschen, die in einem Brand ihr Hab und Gut verloren haben, helfen konnten. Dass wir diesen Menschen das Weiterführen ihres Lebens ermöglichten. Dass wir in der dunkelsten Stunde ihres Lebens für sie da waren. Ich danke euch, dass ihr auch zwei Minuten lange Stille in Telefonaten aushaltet, da die Person auf der anderen Seite der Leitung nicht in der Lage ist, ihren eigenen Namen zu sagen. Dies, weil sie zuvor ihren Ehepartner in einem Autounfall verloren hat.

Ich bin stolz, wie wir das Leben der Menschen verbessern. Und ich möchte, dass ihr mit mir kommt und mit mir die Extrameile geht. Dass wir noch effektiver, noch effizienter und noch fürsorglicher werden. Also lasst uns noch mehr Produkte verkaufen – denn wir glauben daran.«

Im zweiten Beispiel verpackt der Geschäftsführerin ihre Präsentation in eine wahre, relevante Geschichte, die sich von allen vorhergehenden Reden abhebt und emotional berührt. Die Checkliste ist damit erfüllt.

Protagonist der Geschichte sind die Kunden. Ihr Dilemma: Sie befinden sich an einem Tiefpunkt ihres Lebens. Mentoren sind die Mitarbeitenden, die zuhören können, die die Extrameile gehen und für die Kunden da sind. Und die den Kunden ein Weiterführen des Lebens ermöglichen. Dies ist das Elixier.

Jetzt sind Sie an der Reihe

Nun haben Sie viel erfahren und haben bestimmt bereits Ideen. Nutzen Sie den Schwung und notieren Sie Ihre Ideen auf den nächsten Seiten. Zögern Sie nicht, ins Buch zu schreiben. Es wäre schade, eine Idee zu verlieren.

Weitere leere Arbeitsseiten finden Sie unter:
brandtelling.ch/buch/downloads

DER TENNISBALL

Bevor Sie starten: Haben Sie sich schon mal gefragt, was der eine Tennisball Ihrer Marke, Ihres Unternehmens oder Ihres Produktes ist?

Fragen Sie sich das. Sie werden erstaunt sein, wie schwer es zum Teil fällt, sich auf einen Tennisball zu reduzieren.

Noch spannender wird es, wenn Sie sich nach Ihrem eigenen einen Tennisball fragen:

+ Wofür stehen Sie in Ihrem Leben, zu Hause, im Büro? Die Rollen können durchaus variieren.

Stellen Sie sich diese Fragen, bevor Sie in Zukunft eine Sitzung leiten oder als teilnehmende Person betreten:

+ Welches ist meine Rolle?

+ Welchen einen Tennisball will ich unmissverständlich rüberbringen?

In jeder Diskussion fragen Sie sich dann lediglich:

+ Bringen uns die gefällten Entscheidungen meinem einen Tennisball näher?

DAFÜR STEHT DIE MARKE

DAFÜR STEHT DAS PRODUKT

DAFÜR STEHE ICH

DAFÜR STEHT DAS UNTERNEHMEN

MARKENBAUM

Listen Sie jetzt auf, wo Sie bisher interne Geschichten erzählt haben oder wo diese in Zukunft von Nutzen sein können.

Bei Mitarbeiterversammlungen, in CEO-Talks, bei Partnern? Listen Sie alle Gelegenheiten auf, die Ihnen in den Sinn kommen, auch ausgefallene.

AUSSEN (PERSÖNLICHKEIT)

MARKE (DNA)

INNEN (CHARAKTER)

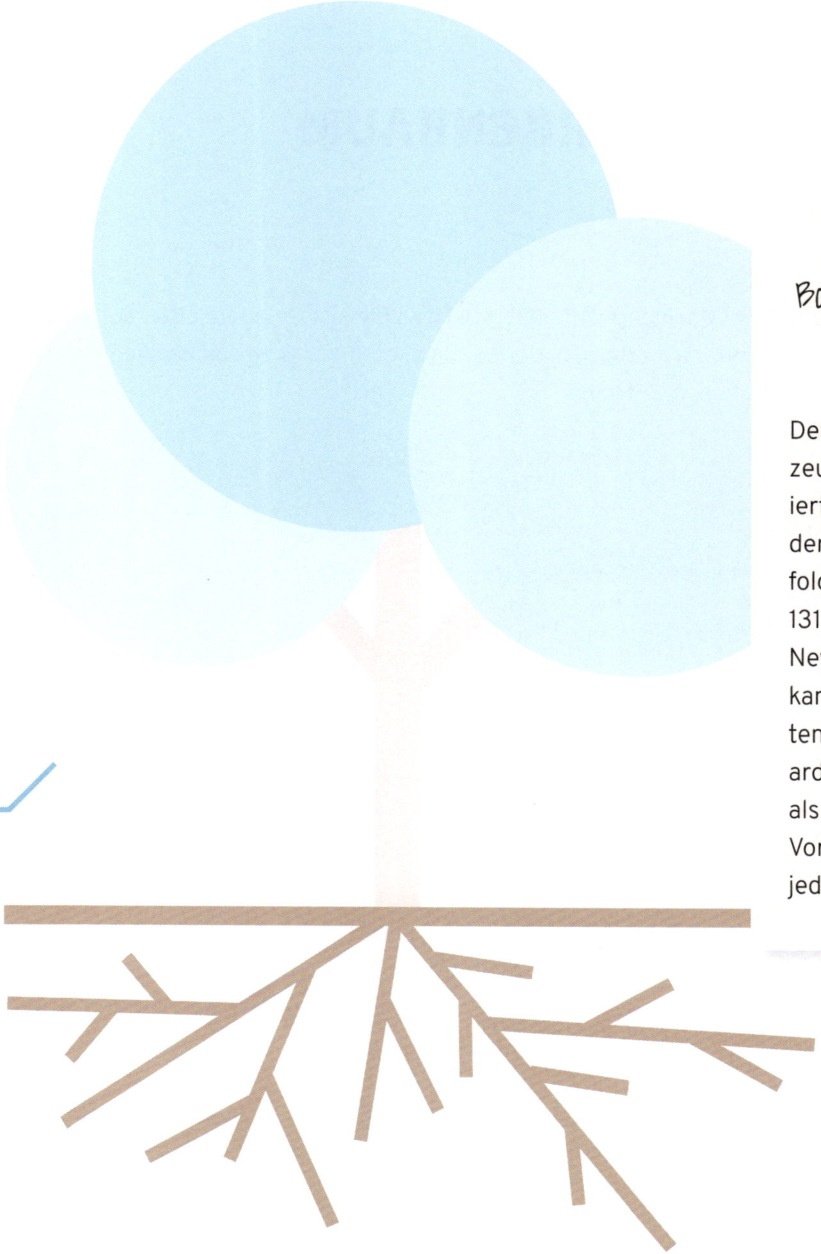

Boeing und die Vorgaben für die 727

Der US-amerikanische Flugzeughersteller Boeing instruierte seine Mitarbeitenden bei der Konstruktion der 727 wie folgt: »Baut eine Maschine, die 131 Passagiere nonstop von New York nach Miami bringen kann und auf einer der kürzesten Landebahnen (auf LaGuardia) landen kann.« An diese als Geschichte aufgebauten Vorgaben konnten sich alle zu jeder Zeit erinnern.

MARKENBAUM

Überlegen Sie sich nun, wo Sie bisher Geschichten erzählt haben oder wo sie nützlich sein könnten. Wo extern, in der Werbung, in Prospekten, bei Gesprächen, in E-Mails? Listen Sie alle Gelegenheiten auf, die Ihnen in den Sinn kommen. Auch solche, die für den Moment absurd erscheinen.

AUSSEN (PERSÖNLICHKEIT)

MARKE (DNA)

INNEN (CHARAKTER)

MARKENBAUM

Prüfen Sie, wofür Ihre Marke steht und welches die Aussage der Stammgeschichte ist respektive sein müsste. Reflektieren Sie nun, ob die vorher genannten Maßnahmen tatsächlich in Einklang mit der Marke, der DNA Ihres Unternehmens stehen. Wo tun sie das, wo nicht? Listen Sie Unstimmigkeiten auf. Überlegen Sie sich, wie Sie die externe und die interne Kommunikation mit dem Stamm verbinden.

AUSSEN (PERSÖNLICHKEIT)

MARKE (DNA)

INNEN (CHARAKTER)

STORYWURZEL

Überlegen Sie sich, wo Sie die Storywurzel in Zukunft anwenden können:

- Wollen Sie Markengeschichten erzählen? Dann setzen Sie die Marke als Mentorin ein.
- Erzählen Sie die Geschichte eines Produktes, dann ist dieses der Mentor.
- Lösen Sie als Person ein Problem, dann sind Sie die Mentorin oder der Mentor.

Für wen löst die Mentorin nun die Probleme, wer ist der Protagonist, was hat er für ein Problem, welches ist sein Elixier? Denken Sie sich Schritt für Schritt durch die Wurzel.

Überlegen Sie spielerisch, was sich mit jeder Änderung an der Storywurzel ändert.

Es geht bei dieser Übung noch nicht darum, eine reale Geschichte zu kreieren. Vielmehr sollen Sie ein Gespür für die Wurzel erhalten, kreativ werden und Hürden abbauen.

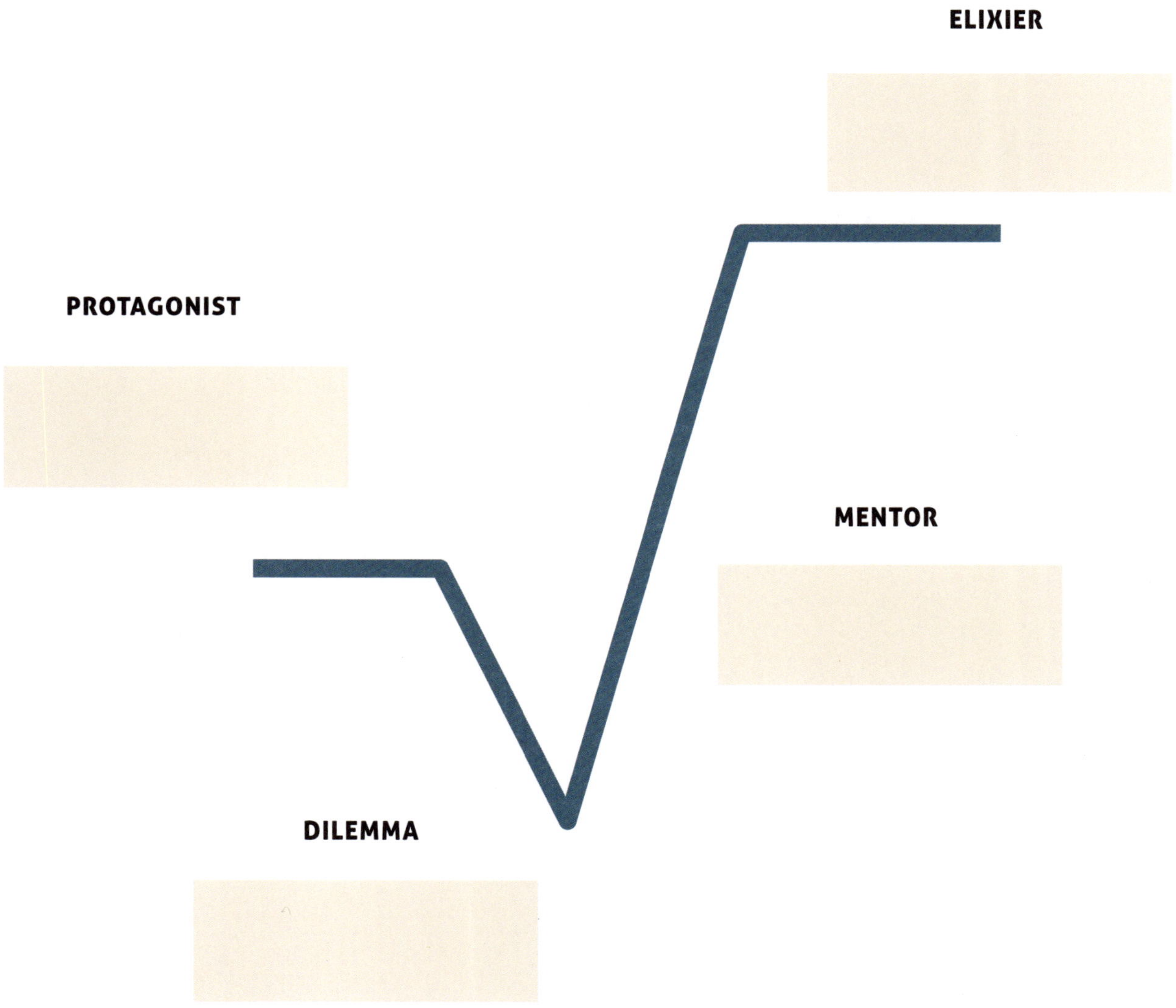
ELIXIER
PROTAGONIST
MENTOR
DILEMMA

STORYTRICHTER

Nun wollen wir einen Schritt weitergehen und uns mit dem Storytrichter auseinandersetzen.

Welches ist der Grund für die Maßnahme? Wen wollen wir mit unserer Botschaft durch den Trichter erreichen? Wo sind diese Menschen überhaupt erreichbar?

Auch bei dieser Übung geht es noch nicht darum, das perfekte Briefing zu erstellen. Vielmehr sollen Sie bildlich den Zusammenhang von Ziel, Botschaft, Kanal und Zielgruppe erfassen.

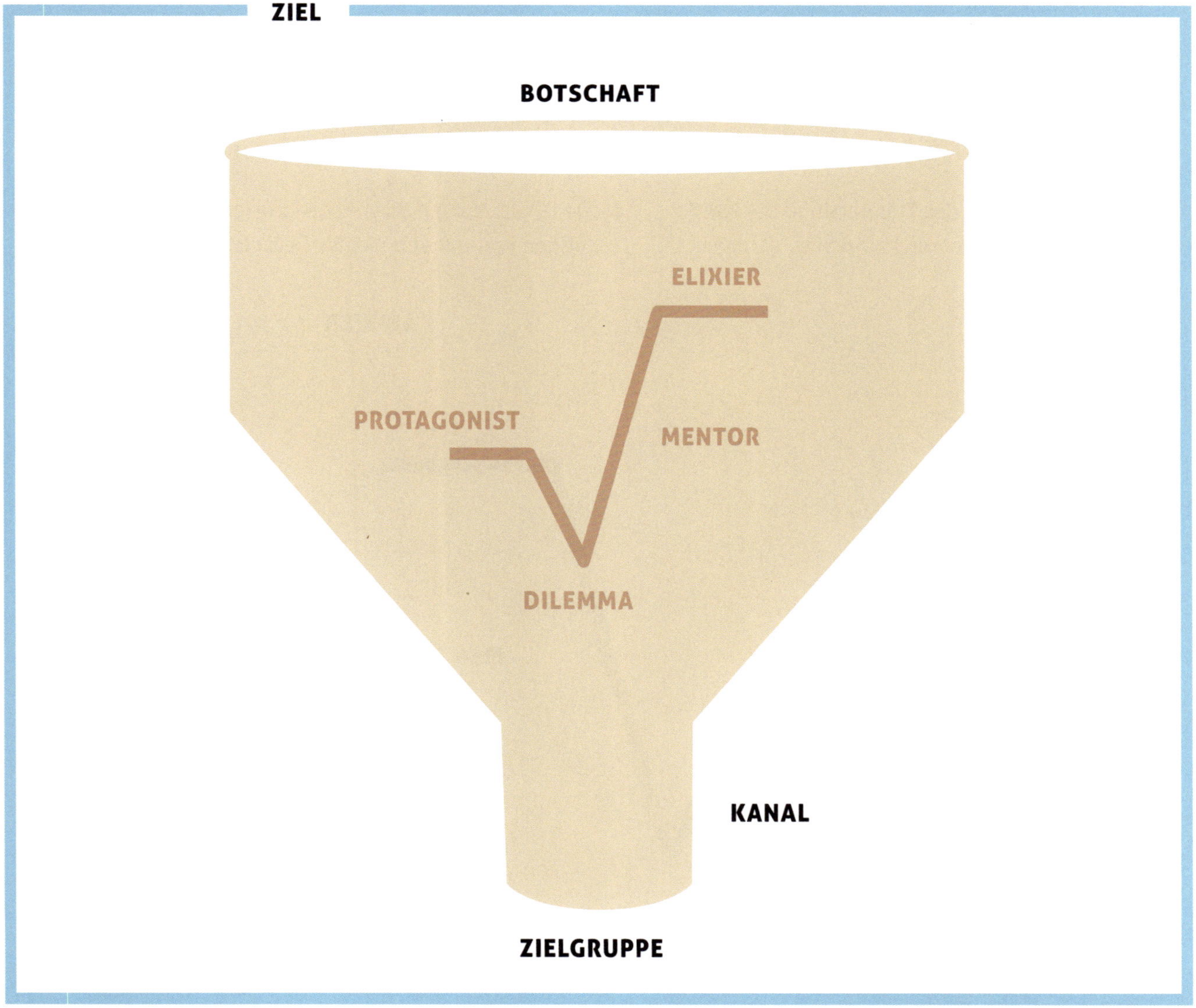
ZIEL
BOTSCHAFT
ELIXIER
PROTAGONIST
MENTOR
DILEMMA
KANAL
ZIELGRUPPE

STORYTRICHTER UND STORYWURZEL

Versuchen Sie, sich das Bild des Trichters und der Wurzel zu merken. Sie werden sehen, wie hilfreich es ist, diese Modelle kurz auf ein Blatt Papier zu zeichnen, um an alle wichtigen Komponenten einer Geschichte zu denken.

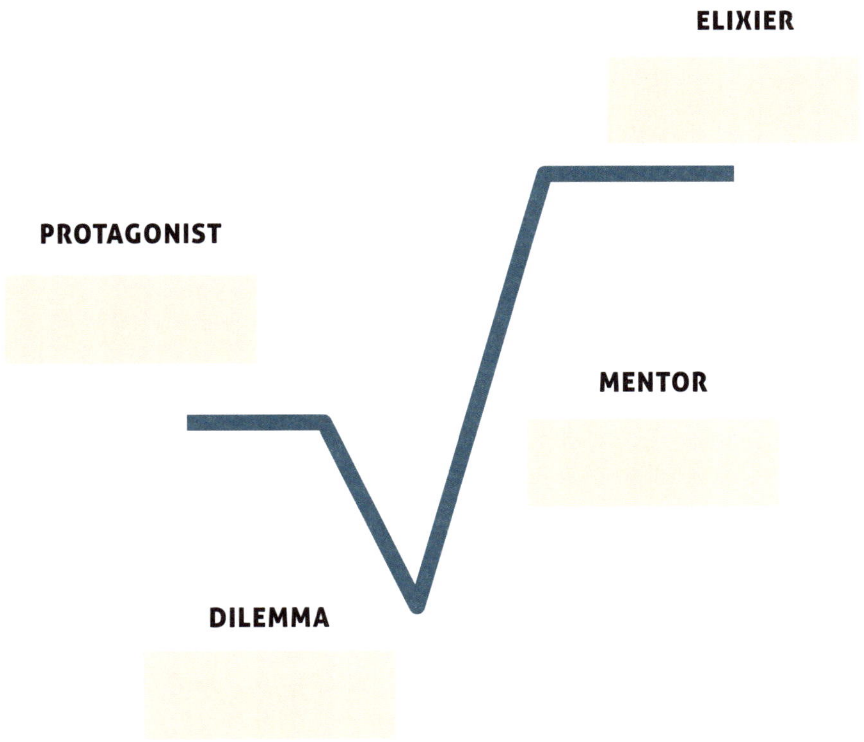

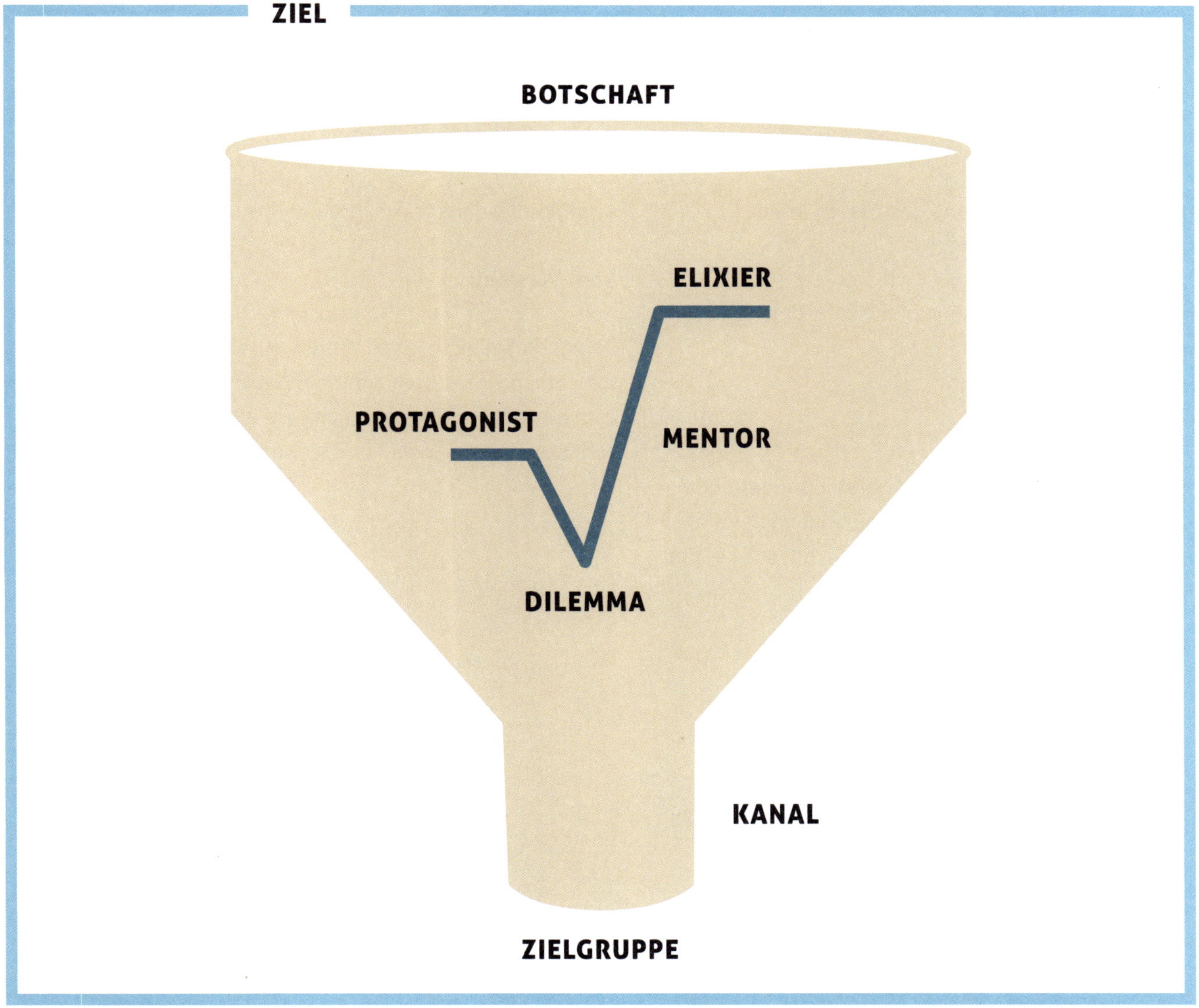
ZIEL
BOTSCHAFT
ELIXIER
PROTAGONIST
MENTOR
DILEMMA
KANAL
ZIELGRUPPE

STORYTELLING-CANVAS

Nun haben Sie das Gespür und das Wissen erlangt, um mit der Canvas zu arbeiten.

Was ist Ihnen bekannt, wo können Sie sofort mit dem Ausfüllen beginnen?

Zur Erinnerung:

Beschreiben Sie das Ziel nicht quantitativ, sondern qualitativ als Zielgefühl. Also zum Beispiel: »Wenn der hier entstandene Film zu Ende ist, welches Gefühl soll bei den Zuschauenden zurückbleiben?«

Arbeiten Sie danach, wo Ihre Energie liegt.

Aber Vorsicht:

Beginnen Sie nicht direkt mit einer vorgefertigten Geschichte, die Sie bereits im Kopf haben. Stellen Sie sich immer wieder die Fragen nach dem Ziel, der Zielgruppe, dem passendsten Kanal und so weiter.

STORYTELLING-CANVAS

ZIEL

BOTSCHAFT

PROTAGONIST	DILEMMA	MENTOR	ELIXIER

KANAL

ZIELGRUPPE

STORYTELLING-CANVAS

Überprüfen Sie bei jeder Änderung, ob die Maßnahme, die Geschichte noch mit den verbleibenden Faktoren im Einklang steht.

Gut wird die Geschichte, wenn Sie kreativ und über den Tellerrand denken. Überraschen Sie. Verlassen Sie alte Denkmuster und verwerfen Sie vorgefertigte Geschichten im Kopf.

Aber achten Sie stets darauf, dass die Faktoren (Protagonist, Dilemma, Mentor, Elixier) als Ganzes stimmig bleiben.

Nicht ganz einfach. Dazu haben Sie auf den nächsten Seiten noch etwas Platz für neue Versuche.

STORYTELLING-CANVAS

ZIEL

BOTSCHAFT

PROTAGONIST	DILEMMA	MENTOR	ELIXIER

KANAL

ZIELGRUPPE

STORYTELLING-CANVAS

ZIEL

BOTSCHAFT

PROTAGONIST	**DILEMMA**	**MENTOR**	**ELIXIER**

KANAL

ZIELGRUPPE

STORYTELLING-CANVAS

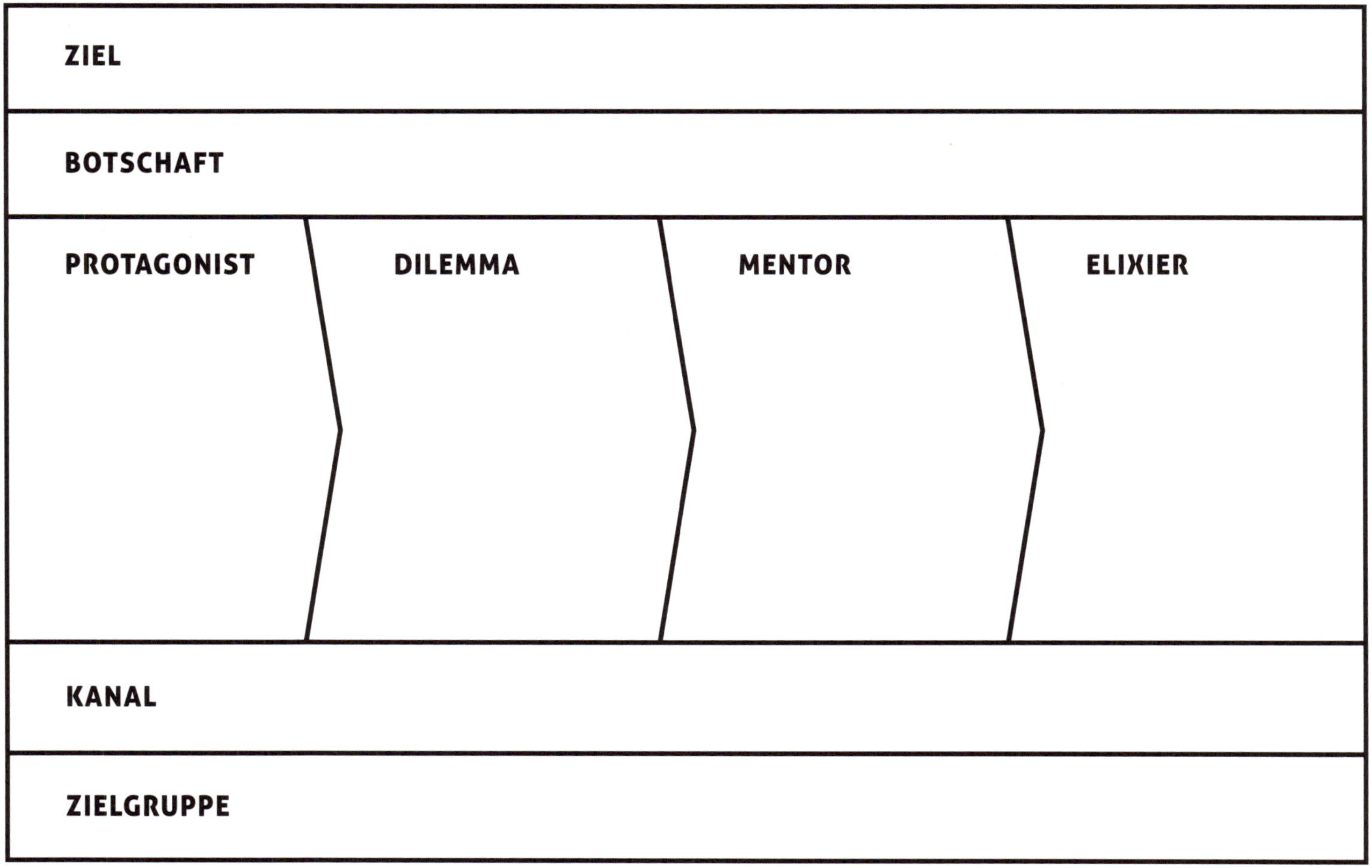

CHECKLISTE

Wenn Sie mit Ihrer gefundenen Geschichte zufrieden sind, wird diese geprüft.

Zuerst mit der Checkliste.

- Hat die Geschichte die nötige Relevanz für die Zielgruppe?
- Ist die Geschichte, sind die gewählten Protagonisten glaubwürdig?
- Berührt sie die Zielgruppe emotional?
- Unterscheidet sie sich tatsächlich genug von anderen Geschichten zum Thema?

Machen Sie sich auf die Suche nach dem Fehler und korrigieren Sie, falls Sie eine Frage mit Nein beantwortet haben.

- [ ] **RELEVANZ**
- [ ] **GLAUBWÜRDIGKEIT**
- [ ] **EMOTIONEN**
- [ ] **DIFFERENZIERUNG**

REKAPITULATION

Wie ist es Ihnen ergangen, wo sind Sie an Grenzen gestoßen, was würden Sie das nächste Mal anders machen? Schreiben Sie Ihr Feedback hier auf und vermeiden Sie beim nächsten Mal dieselben Fehler. Kontaktieren Sie mich jederzeit für Feedback und bei Fragen unter *brandtelling.ch.*

DANK

Geschichten brechen Herzen, bringen zum Lachen, rühren zu Tränen. Sie sind in der Lage, Völker zu vereinen, Kulturen zu bewegen oder Staaten umzustoßen. Geschichten verärgern, erfreuen, erklären, entspannen; sie treiben oder hemmen. Und sie bleiben in Erinnerung – manche ein ganzes Leben lang.

Einen großen Teil meines Arbeitslebens war es meine Aufgabe, Geschichten zu kreieren und damit Schweizerinnen und Schweizer vor den Fernsehgeräten zu berühren. In über zehn Jahren beim Schweizer Fernsehen und an der Seite des erfahrenen Moderators Kurt Aeschbacher war es immer meine Intuition, die zu Geschichten führte. Erst als selbstständiger Berater im Bereich des Content Marketing und Storytelling machte ich mich daran, das Muster hinter den Geschichten aufzudecken.

Der Dank für das vorliegende Buch gilt den Menschen, die mich bei dessen Erstellung unterstützten: Allen voran der Grafikerin Jennifer Meyer, die in minutiöser und liebevoller Arbeit meine Ausführungen und Modelle zu visuellen Kunstwerken verwandelte. Dr. Dieter Schmid, Professor Bobby Parmar aus den USA, Dr. Peter Felser, Kurt Aeschbacher für ihre hilfreichen Anregungen. Cheflektorin Stephanie Walter, die das Potenzial des Buches sofort erkannte und ihrem gesamten Team vom Campus Verlag. Den Testlesenden und Diskussionspartnern für die wertvolle Außensicht und meiner Frau Zeynep für ihre Unterstützung.

Weiterer Dank gilt meinem Sohn, der mir die Wichtigkeit und Schönheit von Geschichten jeden Tag lebhaft vor Augen führt. »Erzählst du mir eine Geschichte?«, lautet die erste Frage, wenn ich nach der Arbeit nach Hause komme. Und dann tauchen wir gemeinsam ein in die Welt der Abenteurer, Tiere und der Planeten. Wir sind Astronauten, Tiger, Feuerwehrmänner und vergessen die Welt um uns herum.

Zudem gebührt der Dank meinen Kunden und Ihnen, liebe Leserinnen und Leser, die mir ihr Vertrauen schenken und meine Canvas nutzen, um differenzierende Unternehmensgeschichten zu erarbeiten.

Im besten Fall stößt dieses Buch bei Unternehmen ein narratives Denken an und trägt dazu bei, die Unternehmens- und Markenkommunikation besser und interessanter zu gestalten.

ÜBER DEN AUTOR

Matthias M. Mattenberger

führt als Unternehmensberater und Markenstratege kleine und große Unternehmen zu differenzierenden und überzeugenden Geschichten am Markt. Seine Storytelling-Karriere startete er beim Schweizer Fernsehen SRF, wo er über zehn Jahre TV-Sendungen gestaltete. Zudem schrieb er ein weltweit ausgezeichnetes Buch, für Preise nominierte Radio-Hörspiele und leitete eine Video-Content-Marketingagentur. Neben seiner Beratertätigkeit ist er Dozent für Storytelling und hält einen Executive MBA in Marketing

Mehr Infos unter:
mattenberger.com
brandtelling.ch

NACHWORT

VON TV-LEGENDE UND UNTERNEHMER KURT AESCHBACHER

Geschichten erzählen: Produkte oder ganze Markenwelten mit Emotionen in den Köpfen der Konsumenten als einzigartig verankern, das viel gepriesene »Storytelling«, ist zum Marketinggebot der Stunde geworden.

Was so neu und vermeintlich anders daherkommt, ist jedoch etwas, das wir als Menschen untereinander intuitiv immer schon machten. Bereits in der Steinzeit beschwor man in rituellen Höhlen mit geheimnisvollen Zeichnungen die Götter und bewirkte damit bei seinen Stammesangehörigen ein Gemeinschaftsgefühl. Keine Religion kommt als Grundlage ihres Erfolges ohne bildhafte Geschichten aus. Erst diese Erzählungen, oft als Wunder kolportiert, verleihen den Religionsstiftern den Nimbus des Außergewöhnlichen und damit den jeweiligen Religionen einen über Jahrtausende anhaltenden Marketingerfolg.

Allerdings haben wir in unserer ständig effizienteren, immer arbeitsteiligeren und globalisierten Wirtschaft das Geschichten-Erzählen immer mehr vernachlässigt. Wer bloß darauf achtet, wie sich sein Angebot und die Lieferketten noch kostengünstiger gestalten und damit die Gewinnspanne ausdehnen lässt, vergisst schnell, was seine Produkte über den Preis hinaus bei den potenziellen Kunden begehrenswert machen könnte. Denn dauernde Aufmerksamkeit erreicht nur, wem es gelingt, mit seinen Leistungen mehr zu vermitteln als nur ein pekuniäres Tauschgeschäft.

Unser Gehirn funktioniert nicht primär als rationale Excel-Tabelle, sondern (glücklicherweise) als komplexes Organ, dessen Basis genetisch tradierte Gefühle, persönliche Erfahrungen, soziale Einflüsse sind. Sie steuern großenteils unbewusst unsere Wahrnehmung und Entscheidungen. Auf diesen neurologischen Erkenntnissen basiert gerade auch dieses Lehrbuch. Und wenn wir ehrlich sind, auch die meisten Entscheidungen im eigenen Leben. Nur verdrängen wir das im Berufsalltag allzu oft, weil wir nicht als intuitiv handelnde, sondern als faktenbasierte Entscheidungsträger wahrgenommen werden wollen.

PARK IM
GRÜNEN

Lasse ich mein eigenes Leben Revue passieren, waren es immer meine Gefühle, die Emotionen oder halt eben mir sympathische Geschichten, die den Ausschlag für eine Tätigkeit oder eine wichtige Entscheidung gaben. Anders lässt sich die Irrationalität meiner Leidenschaft als Kunstsammler nicht erklären. Ohne spekulativen Seitenblick auf Wertsteigerungen lasse ich mich von jungen Kunstschaffenden begeistern. Denn gute Kunst erzählt Geschichten, die einen anderen Blick in die eigene Seele ermöglichen und damit über das Werk hinaus ein berührendes Geheimnis beinhalten.

In meiner ersten ernst zu nehmenden beruflichen Tätigkeit als Vizedirektor der Grün 80, dieser nationalen Ausstellung für Garten- und Landschaftsbau in Basel, ging es meinen damaligen Arbeitgebern, dem Gärtnermeisterverband, primär um eine Leistungsschau ihres Gewerbes. In teils heftigen Auseinandersetzungen plädierte das Direktorium jedoch für die Chance, bei den Besuchern der Ausstellung den Umgang mit der Natur und ihrer Verletzlichkeit zu thematisieren und ein nachhaltiges Denken anzuregen. Das war vor über 40 Jahren. Als Sinnbild dieser Aussage diente uns ein riesiger Dinosaurier, der während der halbjährigen Veranstaltung auf einem Hügel thronte. Geblieben ist dieser Dino, auch Jahrzehnte danach, und rasch verblüht sind die prachtvollen Dahlien und Begonien.

Auch als Journalist beim Schweizer Fernsehen ging es mir darum, mit Bildern Geschichten zu erzählen: sei es mit einer Modenschau, in der wir nackte Models mit Schlachtabfällen behängten, um das Tierleid rund um die Pelzindustrie zu beschreiben (was nicht nur zu einer Demonstration vor dem Fernsehgebäude führte, sondern mir auch üble Post von Pelzhändlern bescherte). Später war es unser Anliegen, einfachen Menschen eine Bühne zu geben, ihren Geschichten zuzuhören. Dabei hat mich besonders der Autor dieses Buches als Ideengeber und Redakteuren lange begleitet. Es waren diese Erzählungen über Träume, der Umgang mit Schicksalsschlägen, die Einblicke in ganz andere Lebensweisen, die der Sendung ihr erfolgreiches Fundament gaben.

Geschichten erzählen lässt sich auch lernen. Eine Anleitung dazu ist dieses Sachbuch. Es zeigt in klaren und nachvollziehbaren Schritten, wie man den Weg nicht nur in die Köpfe, sondern auch in die Herzen seiner Kunden findet.

Kurt Aeschbacher
Schweizer TV-Legende, Journalist und Unternehmer

ANHANG

DESIGN THINKING

Beim Design-Thinking-Ansatz geht es darum, neue Produkte oder Dienste zu kreieren, die aus Nutzerperspektive einen Mehrwert liefern. Der Ansatz besteht aus sechs Stufen.

Die ersten drei befassen sich mit der Erkennung des Problems. Die letzten drei mit der Findung einer Lösung. Zu Beginn versucht man die Probleme der Kunden zu verstehen (es geht nicht darum, welche Produkte oder Dienstleistungen Ihr Unternehmen kreieren könnte). Der zweite Schritt beobachtet die Nutzer und versucht Empathie zu ihnen und ihren Problemen aufzubauen. Der dritte Schritt definiert die neue Sichtweise: Welche Probleme wollen unsere Kunden gelöst haben? Anschließend geht es in den kreativen Prozess. Es werden in interdisziplinären Teams Ideen gesucht. Im fünften Schritt entwickelt man Prototypen. Also unfertige Test-Gefäße, die Ideen erlebbar und verständlich machen. Im letzten Schritt wird getestet. Jedes Testresultat führt zu einer neuen Iteration der entstandenen Innovation.

Wenden Sie Design Thinking in Ihrem Unternehmen an. Nicht nur zur Entwicklung neuer Produkte oder Dienstleistungen, sondern auch zur Lösung interner Probleme. Sie werden erstaunt sein, wie viele Erkenntnisse Sie aus der neuen, nutzerorientierten Sichtweise schöpfen können.

ANHANG

PERSONAS

Personas sind archetypische Nutzer, die die Ziele, Aufgaben, Bedürfnisse und Lebensweisen der Zielgruppen repräsentieren. Sie vereinfachen die Suche und Entwicklung von nutzerfreundlichen Produkten, die nah an der angestrebten Kundschaft sind. Dabei werden, je nach heterogenität der Zielgruppe, eine Hand voll fiktive Personen kreiert, die die mögliche Kundschaft so genau wie möglich vertreten.

Folgende Fragen helfen bei der Erstellung von Personas:

+ Wie alt sind sie, wo wohnen, arbeiten, bewegen sie sich, welchen Bildungsstand haben sie?
+ Sind es Familienmenschen, Haustierhalter, Städter oder Menschen auf dem Land?
+ Wie konsumieren Sie Inhalte, wo kann das Unternehmen, die Marke sie erreichen?
+ Welche Aufgaben, Ziele und Wünsche treiben sie an?

Versuchen Sie bei der Ergründung ihrer Kundschaft so spezifisch wie möglich zu sein. Die Personas helfen Ihnen anschliessend, mit wenigen, klar definierten Vertretern weiter zu arbeiten. Die dynamische Grossmutter von vier Enkelkindern, die in der Stadt ein aktives Leben führt und den bequemen IT-Chef, der seit seinem Hochschulabschluss bei derselben Firma arbeitet werden Sie auf anderen Kanälen mit anderen Inhalten ansprechen müssen.

ANHANG

CUSTOMER JOURNEY

Die Customer Journey kann als Reise der Kunden verstanden werden, die sie entlang von Berührungspunkten mit einem Unternehmen machen, bevor sie eine Kaufentscheidung treffen. Dieser Weg lässt sich visuell auf einer Karte (einer Customer Journey Map) festhalten.

Das bekannte und wohl älteste Modell AIDA, ging von den Stationen Awareness, Interest, Desire und Action (Aufmerksamkeit, Interesse, Verlangen, Handlung) aus. Marketing-Professor Philip Kotler entwickelte 2017 das Modell der fünf As: Aware, Appeal, Ask, Act, Advocate (Kenntnis, Gefallen, Fragen, Agieren, Empfehlen). Kunden kennen in einem ersten Schritt Marken passiv, finden sie dann im besten Fall attraktiv und nehmen sie in die Auswahl. Erst dann fällt der Entscheid für eine Beratung beim jeweiligen Unternehmen. Nach Abschluss eines Projekts folgt, wenn der Kunde begeistert ist, die Weiterempfehlung. Sehr einfach und einleuchtend ist das Modell von Kaushik, das von See, Think, Do, Care ausgeht (Wahrnehmen, in Betracht ziehen, Agieren, Fürsorgen).

- Die potenzielle Zielgruppe sieht das Produkt.
- Sie denkt über einen Kauf nach.
- Die Zielgruppe tätigt einen Kauf.
- Die Käuferschaft zeigt sich der Marke, dem Unternehmen gegenüber loyal.

Wählen Sie das Modell, das Ihnen am besten gefällt und bilden Sie die Reise Ihrer Kunden so genau wie möglich nach. Wo sehen sie Ihre Marke zum ersten Mal? Wo kommt erstmals ein Kaufwunsch auf? Wann handeln sie? Zu welchem Zeitpunkt zeigen sie ihre Loyalität?

ANHANG

VALUE PROPOSITION DESIGN

Mit Canvas des Value Proposition Designs lässt sich das Kundenversprechen eines Unternehmens grafisch einfach erarbeiten. Sie besteht aus zwei Seiten: Rechts befindet sich das Kundenprofil, dargestellt mit einem in drei Sektoren aufgeteilten Kreis. In den Sektoren gibt es Einblick in die Aufgaben der Kunden, die Gewinne und die Probleme, die in der Ausführung dieser Aufgaben entstehen. Links findet sich die quadratische, ebenfalls dreigeteilte Value Map.

In ihr aufgeführt werden die Produkte und Dienstleistungen eines Unternehmens, Services, die Gewinn erzeugen, und solche, die Probleme lösen. Ziel ist es, Übereinstimmung der linken und rechten Seite zu erlangen. Ein Nutzenversprechen ist hoch, wenn Problemlöser und Gewinnerzeuger von der Value Map zu Problemen und Gewinnen der Kundenaufgaben passen.

Weitere Infos unter:
www.strategyzer.com

LITERATURVERZEICHNIS

REIHENFOLGE DER NENNUNG IM BUCH

1 Fastcompany (2018). Abgerufen 14. September 2020, von https://www.fastcompany.com/90271139/how-rei-is-keeping-the-optoutside-magic-alive-on-black-friday

2 Werbewoche. (2019). Ricola mit dem besten Resultat im Reputationsranking 2019. Abgerufen 14. September 2020, von https://www.werbewoche.ch/marketing/marken/2019-04-24/ricola-mit-dem-besten-resultat-im-reputationsranking-2019

3 Ricola. (o. J.). Wir tragen Verantwortung. Abgerufen 14. September 2020, von https://www.ricola.com/de/uber-ricola/unternehmen/werte

4 Scrapehero. (2019). How Many Products Does Amazon Sell? – April 2019. Abgerufen 14. September 2020, von https://www.scrapehero.com/number-of-products-on-amazon-april-2019

5 Mellerowicz, K. (1963). Markenartikel: die ökonomischen Gesetze ihrer Preisbildung und Preisbindung. München, Deutschland: C.H. Beck Verlag.

6 Kotler, P., & Armstrong, G. (1990). Marketing: An Introduction. Upper Saddle River, Vereinigte Staaten: Prentice-Hall.

7 Radtke, B. (2014). Markenidentitätsmodelle. Analyse und Bewertung von Ansätzen zur Erfassung der Markenidentität. Wiesbaden, Deutschland: Springer Gabler.

8 Harder, T., & Wüthrich, N. (2016). Marken für Menschen. Wie weiter nach dem Marken-Missverständnis. Zürich, Schweiz: Versus.

9 Pfyffer, M., & Schmid, D. (2018). In der Transformation über sich hinauswachsen. 1 Modell, 1 Drehbuch, 10 Transformationsrezepte für konstante Erneuerung. Zürich, Schweiz: üsh-Verlag.

10 Kapferer, J.-N. (2008). The new strategic brand management. Creating and Sustaining Brand Equity Long Term (4. Aufl.). London, England: Kogan Page.

11 Stengel, J. (2011). Grow: How ideals power growth and profit at the world's greatest companies. New York, Vereinigte Staaten: Crown Business.

12 Sinek, S., Mead, D., & Docker, P. (2017). Find your why: A practical guide for discovering purpose for you and your team. London, UK: Penguin.

13 Deloitte. (2014). Culture of Purpose – Building business confidence; driving growth. 2014 core beliefs & culture survey. Abgerufen 14. September 2020, von https://www2.deloitte.com/content/dam/Deloitte/us/Documents/about-deloitte/us-leadership-2014-core-beliefs-culture-survey-040414.pdf

14 Havas Media Group. (2019). Meaningful Brands. Abgerufen 14. September 2020, von https://www.meaningful-brands.com/en/our-study

15 Elsten, C. M., & Hill, N. (2017). Intangible Asset Market Value Study. Les Nouvelles - Journal of the Licensing Executives Society, LII (4), 245–247.

16 Etzold, V. (2017). Wenn Sie nicht anders sind, dann seien Sie besser billig – Wie sich Unternehmen mit einer guten Story in einer überkommunizierten Welt differenzieren. In A. Schach (Hrsg.), Storytelling. Geschichten in Text, Bild und Film (S. 3–11). Wiesbaden, Deutschland: Springer Gabler.

17 Brand Finance. (2017). Global 500. The annual report on the world's most valuable brands, 2007(1).

18 Zak, P. J. (2017). The Neuroscience of Trust. Harvard Business Review, 2017(1), 84–90.

19 Szyszka, P. (2008). Lexikoneintrag Public Storytelling. In G. Bentele, R. Fröhlich, & P. Szyszka (Hrsg.), Handbuch der Public Relations. Wissenschaftliche Grundlagen und berufliches Handeln (S. 620–621). Wiesbaden, Deutschland: Verlag für Sozialwissenschaften.

20 Hillmann, M. (2011). Storytelling. Mit Geschichten Unternehmen gestalten. In M. Hillmann (Hrsg.), Unternehmenskommunikation kompakt (S. 63–73). Wiesbaden, Deutschland: Gabler.

21 Häusel, H. G. (2014). Neuromarketing: Erkenntnisse der Hirnforschung für Markenführung, Werbung und Verkauf. Freiburg, Deutschland: Haufe-Lexware.

22 Flume, P. (2017). Die Kunst der Kommunikation-inkl. Augmented-Reality-App: In Gesprächen und Vorträgen überzeugen. Freiburg, Deutschland: Haufe.

23 Gallese, V., Fadiga, L., Fogassi, L., & Rizzolatti, G. (1996). Action Recognition in the Premotor Cortex. Brain, 119, S. 593–609.

24 Speer, N. K., Reynolds, J. R., Swallow, K. M., & Zacks, J. M. (2009). Reading Stories Activates Neural Representations of Visual and Motor Experiences. Psychological Science, 20(8), 989–999.

25 Heti, S., Baker, N., Millet, L., Whitehead, C., & Lethem, J. (2009). About the Significant Objects Project. Abgerufen 14. September 2020, von http://significantobjects.com/about

26 Schach, A. (2016). Storytelling und Narration in den Public Relations. Eine textlinguistische Untersuchung der Unternehmensgeschichte. Wiesbaden, Deutschland: Springer VS.

27 Joyce, J. (1939). Finnegans Wake. New York City, Vereinigte Staaten: Viking Press.

28 Campbell, J. (2011). Der Heros in tausend Gestalten (4. Aufl.). Berlin, Deutschland: Insel Verlag.

29 Vogler, C. (2018). Die Odyssee der Drehbuchschreiber, Romanautoren und Dramatiker: Mythologische Grundmuster für Schriftsteller. Berlin, Deutschland: Autorenhaus Verlag.

30 Lasswell, H. D. (1948). The Structure and Function of Communication in Society. In L. Bryson (Hrsg.), The Communication of Ideas. A Series of Addresses (S. 32–51). New York, Vereinigte Staaten: Harper & Brothers.

31 Lewrick, M. (2019). Design Thinking: Radikale Innovationen in einer digitalisierten Welt. München, Deutschland: C.H. Beck Verlag

32 Häusel, H. G., & Henzler, H. (2018). Hans-Georg Häusel, Harald Henzler. Buyer Personas: Wie man seine Zielgruppen erkennt und begeistert. Freiburg, Deutschland: Haufe-Lexware.

33 Meerman Scott, D. (2014). Die neuen Marketing- und PR-Regeln im Social Web. Wie Sie mit Social Media und Content Marketing, Blogs, Pressemitteilungen und viralem Marketing Ihre Kunden erreichen. Heidelberg, Deutschland: mitp.

34 Kotler, P., Kartajaya, H., Setiawan, I. (2017). Marketing 4.0. Der Leitfaden für das Marketing der Zukunft. Frankfurt am Main, Deutschland: Campus Verlag.

35 Lewis, E. (1903). Catch-Line and Argument. In: The Book-Keeper, Vol. 15, Februar 1903, S. 124–128.

36 Kaushik, A. (2009). Web analytics 2.0. New Jersey, Vereinigte Staaten: Wiley.

37 Osterwalder, A., Pigneur, Y., Bernarda, G., & Smith, A. (2015). Value Proposition Design. Frankfurt am Main, Deutschland: Campus Verlag.

WEITERE QUELLEN

ALPHABETISCHE REIHENFOLGE

Ads of the World. (2015). Dollar Shave Club. Your new stash. Abgerufen 14. September 2020, von https://www.adsoftheworld.com/media/print/dollar_shave_club_your_new_stash

Aleti, T., Pallant, J., Tuan, A., & van Laer, T. (2019). Tweeting with the Stars: Automated Text Analysis of the Effect of Celebrity Social Media Communications on Consumer Word of Mouth. Journal of Interactive Marketing, Forthcoming, 1–41.

Balzert, H., Schröder, M., Schäfer, C., & Motte, P. (2017). Wissenschaftliches Arbeiten: Ethik, Inhalt & Form wiss. Arbeiten, Handwerkszeug, Quellen, Projektmanagement, Präsentation (2. Aufl.). Berlin, Deutschland: Springer Campus.

Beer, J. (2015). REI Opts Outside With Anti-Black-Friday Campaign. Abgerufen 14. September 2020, von https://www.fastcompany.com/3052795/rei-opts-for-counterintuitive-marketing-with-anti-black-friday-campaign

Blue Origin. (2019). Going to Space to Benefit the Earth. Abgerufen 14. September 2020, von https://www.blueorigin.com/news/going-to-space-to-benefit-earth-full-event-replay

Clark, E. (2004). Around the Corporate Campfire. How Great Leaders Use Stories To Inspire Success. Sevierville, Vereinigte Staaten: Insight Publishing Company.

Collins, J. C., & Porras, J. I. (1996). Building your company's vision. Harvard Business Review, 74(5), 65–77.

Dollar Shave Club. (2015). Dollar Shave Club delivers amazing razors for 1/3 the price of Big Razor Corp. Abgerufen 14. September 2020, von https://twitter.com/dollarshaveclub/status/605555282832433153

Dollar Shave Club. (2012). Our Blades Are F***ing Great. Abgerufen 14. September 2020, von https://youtu.be/ZUG9qYTJMsI

Dove. (o. J.). Schöne Haut ist mehr als man sehen kann. Abgerufen 14. September 2020, von https://www.dove.com/de/stories/campaigns/real-beauty-runs-deeper.html

Esch, F.-R. (2014). Strategie und Technik der Markenführung. München, Deutschland: Vahlen.

Esch, F.-R., & Strödter, K. (2009). Aufbau des Markencommitment in Abhängigkeit des Mitarbeiter-Marken-Fits. In T. Tomczak, F.-R. Esch, J. Kernstock, A. Herrmann (Hrsg.), Behavioral Branding: Wie Mitarbeiterverhalten die Marke stärkt (S. 141-160). Wiesbaden, Deutschland: Gabler.

Esch. The Brand Consultants (o. J.). Abgerufen 14. September 2020, von https://www.esch-brand.com/glossar/vivid-description/

Fog, K., Budtz, C., Munch, P., & Blanchette, S. (2010). Storytelling: Branding in practice. Frederiksberg, Dänemark: Samfundslitteratur.

Friedemann Schulz von Thun, F. (2011). Miteinander reden 1: Störungen und Klärungen. Allgemeine Psychologie der Kommunikation. Hamburg, Deutschland: Rowohlt Taschenbuch Verlag.

Gardiner, K. (2013). The Story Behind 'The Furrow', the World's Oldest Content Marketing. Abgerufen 14. September 2020, von https://contently.com/2013/10/03/the-story-behind-the-furrow-2/

Hamilton-Maude, H. (2014). Why Freeze Branding Is ID Of Choice For Many Commercial Ranches. Abgerufen 14. September 2020, von https://www.beefmagazine.com/ranch-management/why-freeze-branding-id-choice-many-commercial-ranches

Hartwell, M., & Chen, J. C. (2012). Archetypes in Branding: A Toolkit for Creatives and Strategists. Boston, Vereinigte Staaten: How Books.

Heilmann, C. (2008). The first Google computer at Stanford. Abgerufen 14. September 2020, von https://www.flickr.com/photos/11414938@N00/2821326488

Institut für Handelsforschung. (2018). Handelsreport Lebensmittel. Fakten zum Lebensmitteleinzelhandel. Abgerufen 14. September 2020, von https://einzelhandel.de/images/HDE-Publikationen/HDE_IFH_Handelsreport_Lebensmittel_2018.pdf

JFK Library. (1962). Address at Rice University on the Nation's Space Effort. Abgerufen 14. September 2020, von https://www.jfklibrary.org/learn/about-jfk/historic-speeches/address-at-rice-university-on-the-nations-space-effort

Maslow, A. H. (1943). A Theory of Human Motivation. Psychological Review, 50(4), 370-396.

Nasa. (1969). Apollo Imagery. Abgerufen 14. September 2020, von https://spaceflight.nasa.gov/gallery/images/apollo/apollo11/html/s70_17433.html

Osterwalder, A., & Pigneur, Y. (2011). Business Model Generation. Ein Handbuch für Visionäre, Spielveränderer und Herausforderer. Frankfurt am Main, Deutschland: Campus Verlag.

Publicis Switzerland. (2015). UBS Vorsorge Kampagne – TV Spot Scroll. Abgerufen 14. September 2020, von https://youtu.be/NEswYA1n2Rk

Pulizzi, J. (2012). The rise of storytelling as the new marketing. Publishing research quarterly, 28(2), 116–123.

Quensberry K. A., & Coolsen M. (2014). What Makes a Super Bowl Ad Super? Five-Act Dramatic Form Affects Consumer Super Bowl Advertising Ratings. Journal of Marketing Theory and Practice, 22(4), 437–454.

Rossi, C. (2016). Expertenbeitrag: Storytelling – warum wirkt das überhaupt? In P. Kleine Wiesenkamp (Hrsg.), Storytelling: Digital – Multimedial – Social: Formen und Praxis für PR, Marketing, TV, Game und Social Media (S. 32–48). München, Deutschland. Carl Hanser Verlag.

Sammer, P. (2017). Von Hollywood lernen? Erfolgskonzepte des Corporate Storytelling. In A. Schach (Hrsg.), Storytelling. Geschichten in Text, Bild und Film (S. 13–32). Wiesbaden, Deutschland: Springer Gabler.

Statista. (2018). Männer in Deutschland nach bevorzugter Art der Rasur - nass oder trocken – in den Jahren 2014 bis 2018. Abgerufen 14. September 2020, von https://de.statista.com/statistik/daten/studie/176563/umfrage/art-der-rasur-maenner/

Thomas, T. (2010). Etologic horse study, Chauvet's cave. Abgerufen 14. September 2020, von https://flic.kr/p/9x7tZY

Trout, J. (2015). Positioning: the Key to Marketing Strategy. Abgerufen 14. September 2020, von https://vimeo.com/150490512

Trout, J., & Rivkin, S. (2008). Differentiate or Die. Survival in Our Era of Killer Competition. Hoboken/NJ: John Wiley & Sons.

Unsplash. (2018). Los Caobos Skatepark. Abgerufen 14. September 2020, von https://unsplash.com/photos/vFOxv-8mONw

USA Today. (2019). Ad Meter 2019: Verizon. Abgerufen 14. September 2020, von https://youtu.be/02m05hW31Wo

Verizon. (2019a). AllOurThanks microsite. Abgerufen 19. Mai 2019, von https://allourthanks.com (Kampagnenseite nicht mehr online.)

Verizon. (2019b). First Responders. Abgerufen 14. September 2020, von https://www.verizonwireless.com/featured/first-responders

Verizon. (2019c). Giving first responders all our thanks. Abgerufen 23. September 2020 von https://www.verizon.com/about/news/speed-january-22-2019

Vogler, C., & McKenna, D. (2011). Memo from the Story Department: Secrets of Structure and Character. Studio City, CA: Michael Wiese Productions.

Weissenfeld, K., Abramova, O., & Krasnova, H. (2017). Understanding storytelling in the context of information systems. Americas Conference on Information Systems, 23. 1–10.

Wertime, K. (2002). Building Brands & Believers: How to Connect with Consumers Using Archetypes. Hoboken, Vereinigte Staaten: John Wiley & Sons.

REGISTER

BRAND
LOVE

»Wirkungsvolle Geschichten zu erzählen ist eine wesentliche Fähigkeit für Unternehmen und Führungskräfte. Dieses Buch und seine nützlichen Modelle sind das Elixier, das wir alle brauchen, um eine bessere Zukunft zu schaffen.«

Prof. Bidhan »Bobby« Parmar
University of Virginia USA
Professor Parmar wurde zu einem der 40 besten Wirtschaftsprofessoren unter 40 Jahren ernannt.

»Geschichten erzählen lässt sich auch lernen. Eine Anleitung dazu ist dieses Sachbuch. Es zeigt in klaren und nachvollziehbaren Schritten, wie man den Weg nicht nur in die Köpfe, sondern in die Herzen seiner Kunden findet.«

Kurt Aeschbacher,
Schweizer TV-Legende, Journalist und Unternehmer

»Marken haben einen großen Bedarf an guten Geschichten, denn mittels Storytelling gelangen sie in die Köpfe der Menschen. Das Brandtelling-System ist in allen Unternehmensbereichen einsetzbar und daher das praktische Schweizer Sackmesser der Kommunikation.«

Dr. Peter Felser
Brand-Leadership-Berater und Inhaber des Titels Schweizer Werber des Jahres

»Geschichten bleiben im Gedächtnis der Menschen haften. Kombiniert man nun eine gute Geschichte mit der Strahlkraft einer Marke, so kann man gleichzeitig die Aufmerksamkeit für eine Marke sowie die Bekanntmachung eines bestimmten Produktes/Dienstleistung erreichen. Das Buch Brandtelling erklärt das Zusammenspiel von Marke und Geschichte auf anschauliche und einfache Weise und macht es daher für Fortgeschrittene und Anfänger im Marketingbereich zu einer wertvollen Lektüre.«

Sandro Tschuor
Business Director, Wunderman Thompson

»Brandtelling ist eine hervorragende Anleitung, wie die Geschichten von Marken entwickelt und erzählt werden können. Die vorgestellten Tools sind eine geniale Verdichtung von unzähligen bestehenden Brandingtools und von den jahrelangen Erfahrungen des Autors als Brandconsultant und Markenstratege.«

Dr. Dieter Schmid
Transformationscoach und Dozent für Leadership

Weitere Stimmen zum Buch